高等职业学校“双高计划”新形态一体化教材

U0957504

低压电工基础与实训

新型活页式

● 主　编　刘艳宾　冉　毅
● 副主编　李福林　陈富东　谭智文
● 参　编　闫　建　蔡　彧　李　雪　李小令　伍玉琴　宋　刚
　　　　　谢　毅　赵　龑　康学良　吴莉莎　胡志强
● 主　审　袁德梽　姜　荣

華中科技大學出版社
http://www.hustp.com
中国·武汉

内 容 简 介

本书以初级电工实用为原则，以讲述实际应用为主导思想。内容分为电工基础知识和操作实训两部分：第一部分为电工基础知识，包括熟悉安全用电与急救、电工工具及操作工艺、认识常用低压电器、认识三相异步电动机四个项目。第二部分为操作实训，包括安装电机常用控制电路和安装照明线路两个项目。书中配有二维码视频演示各项电工操作技能。

本书可作为高职高专电气类及相关专业的电工基础实训教材，也可供电工初学者学习使用。

图书在版编目(CIP)数据

低压电工基础与实训/刘艳宾，冉毅主编. —武汉：华中科技大学出版社，2022.8
ISBN 978-7-5680-8375-1

Ⅰ. ①低… Ⅱ. ①刘… ②冉… Ⅲ. ①低电压-电工技术 Ⅳ. ①TM08

中国版本图书馆 CIP 数据核字(2022)第 127177 号

低压电工基础与实训 刘艳宾 冉 毅 主编
Diya Diangong Jichu yu Shixun

策划编辑：张 玲 徐晓琦
责任编辑：余 涛
封面设计：原色设计
责任监印：周治超
出版发行：华中科技大学出版社(中国·武汉) 电话：(027)81321913
武汉市东湖新技术开发区华工科技园 邮编：430223
录 排：华中科技大学惠友文印中心
印 刷：湖北新华印务有限公司
开 本：787mm×1092mm 1/16
印 张：11.25
字 数：269 千字
版 次：2022 年 8 月第 1 版第 1 次印刷
定 价：59.00 元

Preface 前言

当前，国民经济飞速发展，电工专业在工业、农业、军事、科技、医疗、航空航天及人民日常生活中的应用越来越广泛，各行各业对电工的需求越来越多，新电工不断涌现，新知识也需要不断补充。电工领域的很多工作都存在一定程度的危险，需要从业人员不仅具备专业的理论知识，同时还要经过专业的技能培训，掌握技能操作的要点，知晓作业过程中的风险，并兼具处理解决突发事故的能力。因此，对于电工技能类培训图书而言不单单是讲授专业知识，更要注重技能的培养和能力的锻炼。在此形势下，低压电工作为电工学的一个分支，其重要性愈加明显。

本书结合电工工作实际，全面介绍了电工应掌握的基本知识和操作技能，其中项目一熟悉安全用电与急救由李雪、谢毅、胡志强编写；项目二电工工具及操作工艺由刘艳宾、伍玉琴编写；项目三认识常用低压电器由李小令、赵龑、闫建编写；项目四认识三相异步电动机由陈富东、宋刚编写；项目五安装电机常用控制电路由冉毅、李福林、蔡彧编写；项目六安装照明线路由谭智文、康学良编写；附录 1、附录 2 部分由吴莉莎整理。

本书特点如下：

(1)理论精简，适合初学者使用。本书采用项目＋实操工单式编写方式，内容上尽可能简化理论，同时突出实践操作，让基础薄弱的学生同样可以掌握相关理论以及提升实践操作能力。

(2)图文配套，易于理解。全书配有大量实物图、原理图、元器件构造图等，能直观地让读者了解和理解相关理论和实践内容，方便学生自学。

(3)思政内容丰富。本书每一项目都融入思政元素，便于引入专题，同时也可以调动学生学习积极性，培养学生的职业素养和爱国情怀。

(4)视频辅助，易于教学。本书配套有大量微课，扫码即可观看，读者可以登录 https://dzdq.hust.com.cn/获取相关资源，方便学生理解，也方便老师教学，大大降低学生学习压力和老师教学压力。

本书在编写过程中得到了重庆煌能科技有限公司的大力支持，编者借助技术公司的支持，充分利用各种资源，终于完成了一本适合电工初学者以及职业院校、培训学校相关专业的师生使用的教材。由于时间仓促，书中难免有疏漏和不妥之处，恳请使用本教材的教师和读者批评指正。

编者

2022 年 6 月

目 录

Contents

项目一 熟悉安全用电与急救

项目二 电工工具及操作工艺

项目三 认识常用低压电器

项目四 认识三相异步电动机

项目五 安装电机常用控制电路

项目六 安装照明线路

项目一　熟悉安全用电与急救

项目描述

自从电能被发明以来，就作为一种常规能源被人类所利用，并与人们的生活及设备的运转息息相关，一直伴随着社会的发展不断进步，特别是在社会整体电气化水平高度提升的21世纪，生活中到处都在用电，小至电气设备大至家庭乃至城市。但是任何一个事物都存在两面性，电在造福人类的同时，也带来人身事故、设备事故、电气火灾和爆炸事故等灾难，这些灾难可使人身遭受重伤甚至死亡等。由此可见，用电不当会给人身财产安全带来巨大损失，因此，掌握相关的电学理论知识及正确的用电方法对于我们的日常工作和生活都是至关重要的。

项目目标

知识目标：

1. 掌握安全用电及电器设备的安全常识。
2. 掌握危险用电的危害。
3. 掌握人体触电的基本知识。
4. 掌握触电急救的基本知识。
5. 掌握灭火器的类型和工作原理。

能力目标：

1. 掌握触电急救方法。
2. 掌握如何使用灭火器灭火。

素质目标：

1. 自觉执行和宣传安全用电。
2. 培养用电安全意识，培养学生的社会责任感。
3. 养成沉着冷静处理紧急事件的能力。
4. 热爱电工职业。

1. 教室的电线突然起火了，你会怎么办？
2. 在学校宿舍做卫生，能不能用湿布擦电源开关？
3. 教室电源开关保险丝断了，你可不可以自己接？
4. 有一位同学在教室触电了，你会用手去拉他吗？为什么？
5. 你发现电器有冒烟、冒火花、发出焦焖的异味等情况，你该如何处理，为什么？

任务 1.1　安全用电及电气设备

1.1.1　常见的电气事故类型

安全用电及电气设备

电气事故按发生灾害的形式，可以分为人身事故、设备事故、电气火灾和爆炸事故等；按发生事故时的电路状况，可以分为短路事故、断线事故、接地事故、漏电事故等；按事故的严重性，可以分为特大事故、重大事故、一般事故等；按伤害的程度，可以分为死亡、重伤、轻伤三种。常见的电气事故有五种：电流伤害、电磁场伤害、雷电事故、静电事故和线路故障。

1.1.2　电气设备的安全常识

1. 电气绝缘

电气设备的绝缘性，是保障人身安全和电气设备安全工作的基本条件。对于设备的电气绝缘，一般要求其绝缘材料具有足够的绝缘性能，并能够承受各种情况所引起的过电压。常见的几种电气绝缘设备如图 1-1 所示。

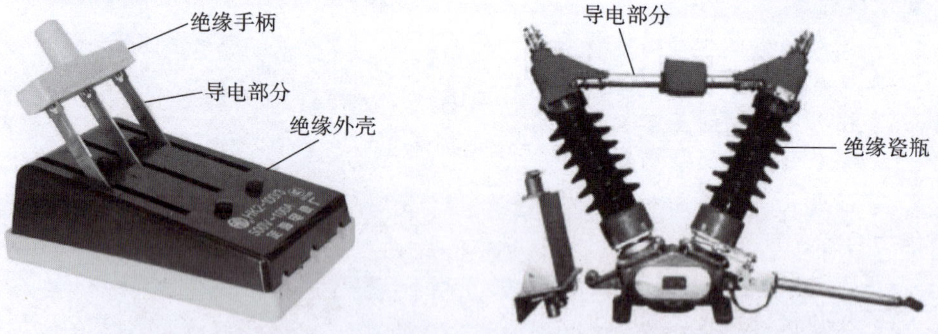

(a) 三极开启式负荷开关（低压电气设备）　(b) 高压隔离开关（高压电气设备）

图 1-1　常见电气绝缘设备

2. 电能防护与安全标识

电工作业中非常重要的安全防护措施是悬挂相应的警示牌（禁止、警告、指令），用以警示和提醒操作人员应当注意的安全操作规范，以保障人身安全。

在电工作业中，应当在工作地点悬挂相应的警示牌标识。下面我们依次对禁止警示牌、警告警示牌、指令警示牌进行介绍。

1）禁止警示牌

禁止警示牌的含义是不准或制止人们的某些行动。如图 1-2 所示，禁止警示牌的几何图形是带斜杠的圆环，其中圆环与斜杠相连，用红色，图形符号用黑色，背景用白色。

几何图形下方可以补充文字标识，标识文字字体为黑体。竖写时，标识文字为白底黑字；横写时，应为红底白字。

图 1-2　电力相关的常用禁止警示牌

2）警告警示牌

警告警示牌的含义是警告人们可能发生的危险。如图 1-3 所示，警告警示牌的几何图形是黑色的正三角形、黑色符号和黄色背景。几何图像下方可以补充文字标识（可标可不标），标识文字字体为黑体，横写、竖写均为白底黑字。

图 1-3　电力相关的常用警告警示牌

3. 指令警示牌

指令警示牌的含义是必须遵守。如图 1-4 所示，指令警示牌的几何图形是圆形、蓝色背景、白色图形符号。几何图形下方可以补充文字标识,标识文字字体为黑体。竖写时,标识文字为白底黑字;横写时,应为蓝底白字。

图 1-4 电力相关的指令警示牌

任务 1.2 危险用电及人体触电

1.2.1 危险用电的危害类型

1. 电流伤害事故

电流通过人体造成内部伤害的触电称为电击,电流的热效应、化学效应或机械效应对人体外部造成的局部伤害称为电伤。电流伤害事故,即触电事故,也就是人体触及带电体所发生的事故。在高压触电事故中,往往不是人体触及带电体,而是由于带电体周围一定范围内的空气介质被击穿形成放电造成的伤害(这里空气就是带电体)。还有一种跨步电压也会使人体有电流通过(这里大地就是带电体)。因此,严格地讲,电流伤害就是人体有电流通过并由此造成人体伤害的现象。

2. 电磁场伤害

人体在电磁场作用下,吸收辐射能量会受到不同程度的伤害,电磁场伤害主要是引起中枢神经系统功能失调,表现为神经衰弱症候群,如头痛、头晕、乏力、睡眠失调、记忆力减退等,还对心血管有一定的影响。

3. 雷击事故

雷击是一种自然灾害。但在某些方面并不是不可抗力的。目前我们能够使用的最高电压是 330 万伏,即超高压,主要用于输电线路,传输电能(解释:输电为什么要用高电压。电功率=电压×电流,电压高、电流小,线号细,节约材料,能量损失小)。

雷电的电场电压为 1000 万伏以上至上亿伏,电场内的电压梯度为 25~30 kV/cm,电流达几万到几十万安培,电流梯度可达 10 kA/μs。雷电电流通道的温度可达 6000~10000 ℃或更高。雷电经过三个放电过程(先导放电、主放电、余辉放电)的全部时间不会超过 60 μs。

由此可见,雷击可能造成建筑物设施毁坏,伤及人畜,也可能引起易燃易爆物品的火灾和爆炸。近年来有名的雷击事故有:2002 年 7 月大兴安岭森林火灾;2002 年 6 月浙江临海一次雷击 30 人被击,其中 17 人死亡,其余 13 人受到重伤和致残。据统计资料显示,全国每年因雷击事故造成的损失约 100 亿元。

4. 静电事故

静电是什么?静电就是电荷的聚积,而不是电荷的流动。电荷的流动就形成电流,静电放电也不是电荷的流动,而是中和。静电事故是指静电对人体造成的电击伤害。电击的静电伤害极易导致人体的应激反应,使工作人员动作失常,诱发触电、高空坠落或设备等二次故障。

5. 电路故障

电路故障本身属于设备事故,但往往都是和人身安全事故联系在一起的。例如,电线短路或油开关爆炸可能引起火灾或重大人身安全事故,以及前面讲过的跨步电压伤人。因此,某些电路故障不仅仅是电力系统的业务问题,还应属于电气安全范围所研究的电气事故。

1.2.2　什么是触电

触电是电击伤的俗称,通常是指人体直接触及电源或高压电经过空气或其他导电介质传递电流通过人体时引起的组织损伤和功能障碍,重者发生心跳和呼吸骤停。超过 1000 V 的高压电还可引起灼伤。闪电损伤(雷击)属于高压电损伤范畴。引起电击伤的原因很多,主要是缺乏安全用电知识造成的,安装和维修电器、电线不按规程操作,电线上挂吊衣物等。高温、高湿和出汗使皮肤表面电阻降低,容易引起电击伤。意外事故中电线折断落到人体及雷雨时大树下躲雨或用铁柄伞而被闪电击中,都可引起电击伤。

在这里需要说明的是,人体触电后为什么会造成伤害。大家知道,电是一种能量源,人体触电后,电流会从高电压端向低电压端流动,人体自然成了导电体(有较大的电阻),在流动过程中,能量消耗,电能转化成热能、化学能等能量释放到人体内,如果超出了人体的承受能力,就会对人体造成伤害。我们可以理解为,如果人体没有电压差,就不会有电流通过,人体即使是接触带电体也不会造成伤害。所以我们看到的带电作业,就是这个道理。

1.2.3　人体等效电路模型

除了超导体外,大多数的物体都有电阻,人体也不例外,人体电阻的范围为 2 kΩ～2 MΩ;皮肤出汗时,约为 1 kΩ;皮肤有伤口时,约为 800 Ω。人体等效电阻分布图如图 1-5 所示。

1.2.4　安全电压、电流

安全电压是指不致使人直接致死或致残的电压。我国规定安全电压为 42 V、36 V、24 V、12 V、6 V 五种。一般环境下,允许持续接触的安全电压是 36 V。这个安全电压是由人体的电阻等效模型计算得到的。经验表明,当流过人体的电流超过 50 mA 时,接触

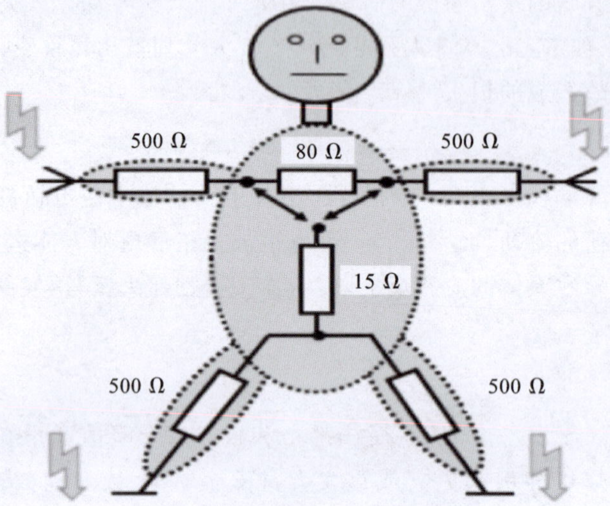

图 1-5　人体等效电阻分布图

电就会危及人的生命，并且使触电人不容易摆脱电源。

根据欧姆定律，按 800 Ω 计算人体电阻，当触电人接触的电压为 40 V 时，通过人体的电流刚好为 50 mA。因此，我们规定了 42 V、36 V 等 5 种安全电压。要注意的是，这个安全电压不是绝对意义上的安全，因为在现实场景中，受到环境及人自身的影响会减小等效电阻的阻值，如工作场所非常潮湿或者人体流汗等情况时都会使等效电阻减小，这时 36 V 也不是安全电压，进而规定了加在人体上的电压不超过 12 V，称之为绝对安全电压。

1.2.5　触电的种类及应急处理

所谓的“单双接跨”是指触电的几种基本形式，即单相触电、双相触电、接触电压触电、跨步电压触电。

单相触电在生活中是最常见的，通常指人接触到带电设备或线路中的某一相导体时，电流通过人体流经大地回到中性点。因此，作为电工，一般情况下不要带电操作，如果万不得已非要带电操作，那必须做好人体和地面之间的绝缘措施，即穿绝缘鞋，戴绝缘手套，站在绝缘物体上。最好是做好全套保护措施，而且用绝缘设备时，一定要确保在有效期内。单相触电示意图如图 1-6 所示。

双相触电就是人同时接触到两根相线，或者相电压和相电压之间的触电，这种触电一般不常见，但危险性却比单相触电的大，电流会在人体中形成回路，人体的触电部位就会像通电电阻丝那样被灼伤发热，且持续时间长，一旦电流经过人体重要部位将造成重大伤害。双相触电示意图如图 1-7 所示。

接触电压触电，尤其是维修电工，工作的对象就是电器设备，尽管一般的电器设备都安装了接地保护装置，但是，如果接地保护装置不规范，或是由于零火接错等因素，造成电位分布不均，从而形成一个电位分布区域，在这个区域内，人体与带电的设备外壳接触时，就会发生接触电压触电。

跨步电压触电，就是当人距离高压电线落地点 8～10 m 内发生的触电事故，电流沿着人的下身，从一只脚到腿、胯部又到另一只脚与大地形成通路。高压跨步触电示意图

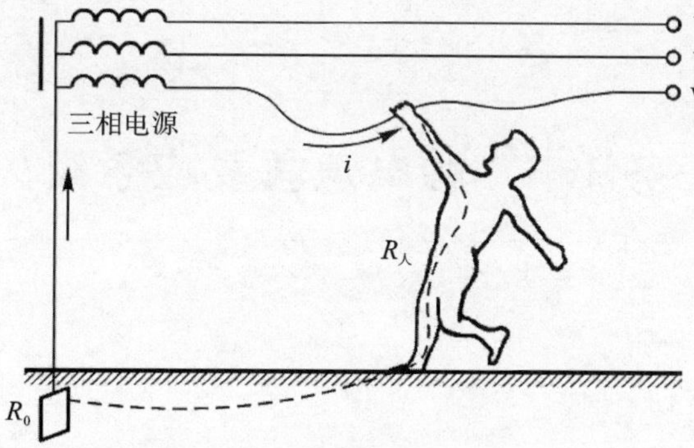

图 1-6　单相触电示意图

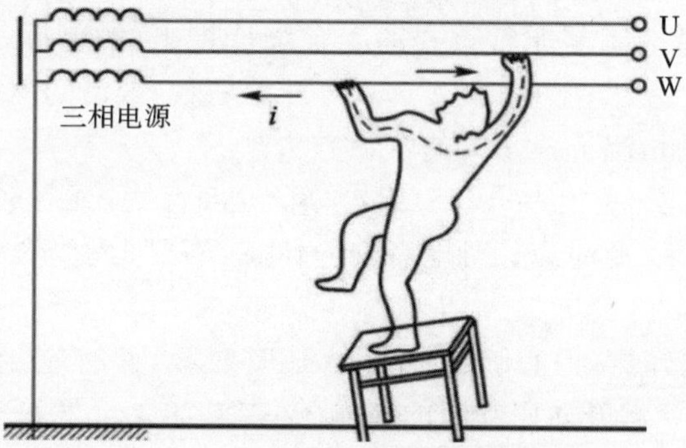

图 1-7　双相触电示意图

图 1-8　高压跨步触电示意图

如图 1-8 所示。

这种触电方式就是要告诫大家，在高压电区域一定要小心，如果一旦遇到此种情况，记得这个救命两招，第一是“僵尸步”，就是要并拢双脚，像僵尸一样跳行，双手可以不伸直，要跳出接地点至少 20 m 外，才能保障人身安全。第二是单腿跳离，即抬起其中一条腿，另一条腿跳至接地点 20 m 外。

常见触电方式也就这几种，只要大家平时做好安全防护，多了解一些触电常识，出事的概率还是很低的。当然了，不光是电工，即使是普通人，也要特别注意这方面的安全，将安全放在第一位。

任务 1.3 触电急救及应急灭火

1.3.1 触电急救步骤

触电

人触电后不一定会立即死亡，但会出现神经麻痹、呼吸中断、心脏停搏等症状，外表上呈现昏迷的状态，此时呈现假死状态。如果现场抢救及时，方法得当，人是可以获救的。现场急救对抢救触电者是非常重要的。有统计指出，触电后 1 min 开始救治，会对 90％的触电者产生良好效果；触电后 12 min 再开始施救，救活的概率就很小了。

根据触电者自身的情况选择不同的救护方法：

(1) 触电者神志清醒，但有些心慌、四肢发麻、全身无力，或者触电者在触电过程中曾一度昏迷，但已清醒过来，此时应让触电者安静休息，不要走动，严密观察，必要时送医院诊治。

(2) 触电者已失去知觉，但心脏还在跳动，还有呼吸，此时应让触电者在空气清新的地方舒适、安静地平躺。解开妨碍呼吸的衣扣、腰带。如果天气寒冷要注意保温，并迅速请医生到现场救治。

(3) 触电者失去知觉，呼吸停止，但心脏还在跳动，此时应立即进行口对口人工呼吸，并及时请医生到现场救治。

(4) 触电者呼吸和心脏完全停止，此时应立即进行口对口人工呼吸和胸外心脏按压急救，并迅速请医生到现场救治。

1.3.2 触电急救方法

常见的触电急救方法有两种：口对口人工呼吸和胸外心脏按压急救，下面我们就这两种方法分别进行介绍。

1. 口对口人工呼吸

(1) 呼吸道要通畅。在保持呼吸道通畅的情况下进行(见图 1-9)。如患者口鼻内有呕吐物、泥沙、血块、义齿等异物时，抢救者用纱布包住食指伸入口腔进行清除。松开衣领、裤带、乳罩、内衣等。舌后坠者用纱布或手帕包住拉出或用别针固定在嘴唇上。

(2) 先吹两口气。清洗病伤者口鼻异物后，口对口呼吸前先向患者口中吹两口气，以扩张已萎缩的肺，以利气体交换。

(3) 姿势。患者仰卧，头后仰，颈部用枕头或衣物垫起。口盖两层纱布，急救者用一手抬起下颌，另一手的拇指和食指捏紧病者鼻翼，以防吹进的气体从鼻孔漏出。

(4) 将患者口张开，抢救者吸一口气后，张大口将患者的口全包住。

(5) 接着做捏鼻动作。快而深地向病者口内吹气，并观察病者胸廓有无上抬下陷活动。一次吹完后，脱离病者之口，捏鼻翼的手同时松开，慢慢抬头再吸一口新鲜空气，准备下次口对口呼吸。

(6) 吹入量。每次吹气量为成人约 1200 mL,过大量易造成胃扩张。无法衡量时,急救者不要吸入过多的气体。

(7) 呼吸频率。口对口呼吸的次数为成人 16～20 次/min。单人急救时,每按压胸部 15 次后,吹气两口,即 15∶2;双人急救时,每按压胸部 5 次后,吹气 1 口,即 5∶1;有脉搏无呼吸者,每 5 秒钟吹一口气(12～16 次/min)。

(8) 停止急救标准。一是患者的呼吸、心搏已恢复后可以停止;二是有经验的大夫检查证实患者脑死亡后可以停止。因为脑组织各部分对缺氧的耐受力不一样,一般大脑只能维持 4 min 左右,小脑可以维持 10～15 min,管辖呼吸、心搏中枢的延髓能维持 20～30 min。这就提醒急救者要分秒必争,越早越好,抢救持续的时间尽可能延长些,提高救活患者的概率。

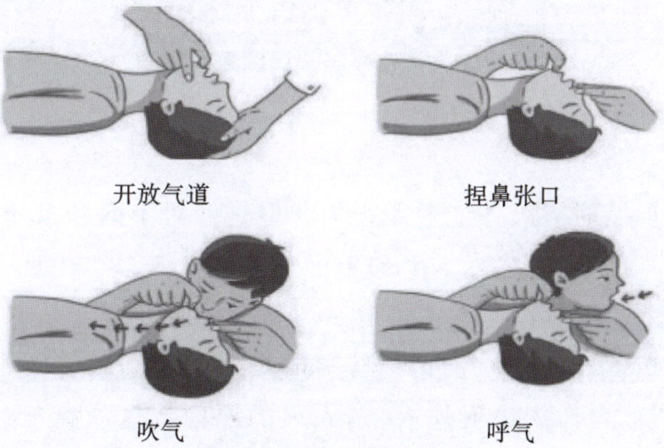

图 1-9　人工呼吸示意图

2. 胸外心脏按压急救

胸外心脏按压急救是一种常见的急救方法,用于紧急的心肺复苏,示意图如图 1-10 所示,具体步骤如下。

(1) 患者体位。

患者仰卧于硬板床或地上,如为软床,身下应放一木板,以保证按压有效,但不要为了找木板而延误抢救时间。

(2) 抢救者体位。

抢救者应紧靠患者胸部一侧,为保证按压时力量垂直作用于胸骨,抢救者可根据患者所处位置的高低采用跪式或用脚凳等不同体位。

(3) 确定按压部位。

正确的按压部位是胸骨中、下 1/3 处。具体定位方法是,抢救者以左手食指和中指沿肋弓向中间滑移至两侧肋弓交点处,即胸骨下切迹,然后将食指和中指横放在胸骨下切迹的上方,食指上方的胸骨正中部即为按压区,将另一手的掌根紧挨食指放在患者胸骨上,再将定位之手取下,将掌根重叠放于另一手手背上,使手指翘起脱离胸壁,也可采用两手手指交叉抬手指。抢救者双肘关节伸直,双肩在患者胸骨上方正中,肩与手保持垂直并用力向下按压,下压深度为 4～5 cm,按压频率为 100～120 次/min,按压与放松时间大致相等。对儿童进行胸外心脏按压时,按压部位和频率与成人的相同,但按压深度为胸部前后径的三分之一,即 4～5 cm 处,动作要平稳,不可用力过猛。如胸外心脏按压的对象是婴儿，其操作与成人及儿童有一定区别。婴儿的按压部位在胸骨上两乳头连线与胸骨正中线交界点下一横指，抢救者用中指和无名指按压，不可用力过猛。

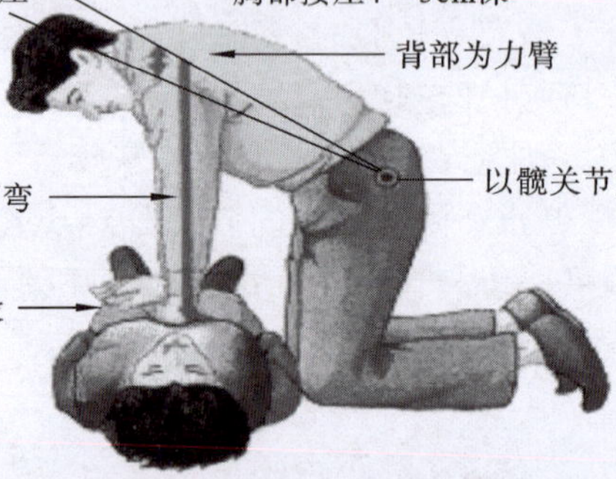

图 1-10　胸外心脏按压急救示意图

1.3.3　应急灭火

火灾发生后，需要及时灭火才能避免损失。但是针对不同场景所采用的灭火方式也是不同的，下面就灭火的原理、灭火器的类型以及如何灭火三个方面进行介绍。

1. 灭火的原理

燃烧必须同时具备三个条件，即可燃物、助燃物和着火源。缺少三个条件中的任何一个，都不会发生燃烧，自然火也就熄灭了，灭火的原理就是隔离三种条件，使火自然熄灭。下面对这三个条件进行介绍。

(1) 可燃物：可燃物是指能够与空气中的氧或其他氧化剂起剧烈化学反应的物质。它有三种存在形式：气体，如氢气、煤气、液化天然气等；液体，如汽油、柴油和酒精等；固体，如塑料件、木材、纸张等。

(2) 助燃物：能帮助和支持燃烧的物质称为助燃物，如空气、氧和氧化剂。

(3) 着火源：能引起可燃物燃烧的热能源称为着火源，如明火、照明灯、电火花等。

因此，可采用消灭燃烧条件之一的方法来进行灭火，下面就几种常见的方法进行介绍。

(1) 隔离法灭火：基本原理就是将燃烧物体与可燃物质进行分离，或者是分割。燃烧无可支持物，就无法持续燃烧，然后逐渐停止。

(2) 窒息灭火法：基本原理为燃烧时持续需要有氧气助燃，灭火法就是阻止氧气进入燃烧区，将燃烧物质与氧气隔绝，然后使燃烧不能持续，逐渐灭火。

(3) 冷却灭火法：基本原理是将低于火焰温度的灭火剂直接喷洒在燃烧物上，可以使燃烧物质的温度降到燃点之下，从而使燃烧停止，最常见的就是用水灭火。

(4) 抑制灭火法：基本原理为灭火剂与可燃物质进行亲密接触，抑制可燃因素的产生，使燃烧反应停止，最常见的就是用干粉灭火器进行灭火。

2. 灭火器的类型

灭火器

灭火器的种类很多，按其移动方式可分为手提式和推车式；按驱动灭火剂的动力来源可分为储气瓶式、储压式、化学反应式；按所充装的灭火剂可分为泡沫、干粉、卤代烷、二氧化碳、清水等。下面对常用的几种灭火器进行介绍。

1）干粉灭火器

干粉灭火器内充装的是干粉灭火剂。干粉灭火剂是用于灭火的干燥且易于流动的微细粉末，由具有灭火效能的无机盐和少量的添加剂经干燥、粉碎、混合而成微细固体粉末组成。利用压缩的二氧化碳吹出干粉（主要含有碳酸氢钠）来灭火。

适用场景：适用于易燃、可燃液体、气体及带电设备的初起火灾；磷酸铵盐干粉灭火器除可用于上述几类火灾外，还可扑救固体类物质的初起火灾，但都不能扑救金属燃烧火灾。

2）二氧化碳灭火器

二氧化碳灭火器瓶体内贮存液态二氧化碳，工作时，当压下瓶阀的压把时，内部的二氧化碳灭火剂便由虹吸管经过瓶阀到喷筒喷出，使燃烧区氧的浓度迅速下降，当二氧化碳达到足够浓度时火焰会窒息而熄灭，同时由于液态二氧化碳会迅速气化，在很短的时间内吸收大量的热量，因此对燃烧物起到一定的冷却作用，也有助于灭火。推车式二氧化碳灭火器主要由瓶体、器头总成、喷管总成、车架总成等部分组成，内装的灭火剂为液态二氧化碳灭火剂。

适用场景：实验室、计算机房、变配电所，以及对精密电子仪器、贵重设备或物品维护要求较高的场所。

3）清水灭火器

清水灭火器主要依靠冷却和窒息作用进行灭火。因为每千克水自常温加热至沸点并完全蒸发汽化，可以吸收 2593.4 kJ 的热量，所以利用其自身吸收显热和潜热的能力发挥冷却灭火作用，是其他灭火剂所无法比拟的。此外，水被汽化后形成的水蒸气为惰性气体，且体积将膨胀 1700 倍左右。

1.3.4　灭火步骤及灭火器使用方法

灭火时要根据不同的场景进行灭火，通常起火的场景有电器着火、油桶着火、木材着火三种。

（1）电器着火场景：需要先对电器断电，灭火器不能选用清水灭火器和泡沫灭火器，可以选择二氧化碳灭火器或者干粉灭火器。

（2）油桶着火场景：可选用二氧化碳灭火器、泡沫灭火器。

（3）木材着火场景：可选用二氧化碳灭火器。

灭火具体步骤如下。

（1）首先要检查灭火器是否在正常的工作压力范围；灭火器压力表分为三个颜色区域：黄色表示压力充足；绿色表示压力正常；红色表示欠压。一般灭火器指针至少要在绿色区域（见图 1-11）才能正常使用，否则就需要到安检部门充压。

（2）将灭火器上下颠倒几次，使里面的干粉松动。

（3）拔掉保险销。一般为铅封或者塑料保险销，直接用手拉住拉环，使劲向外拉就可以将保险销拉掉，如图 1-12 所示。

（4）拉掉保险销后，一只手握住压把，另一只手抓好喷管，将灭火器竖直放置；当用力按下压把时，干粉便会从喷管里面喷出。

（5）喷射时，要对准火焰根部，站在上风向离火焰根部 3 m 左右。

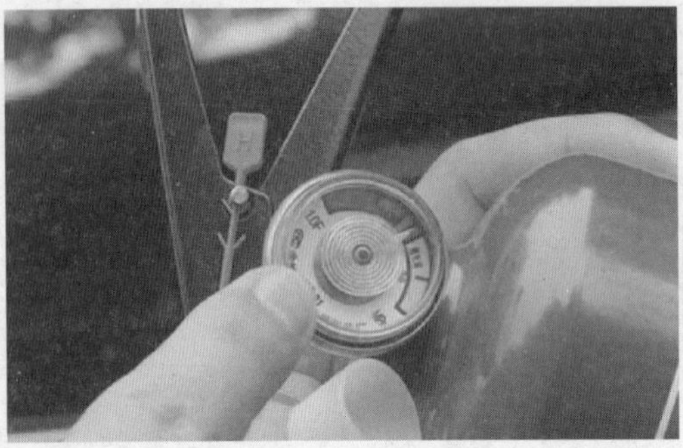

图 1-11　检查灭火器工作压力

图 1-12　拔保险销

操作工单 1-1　二氧化碳灭火器使用

任务名称	灭火器的使用	姓名		班级	
相关器材	二氧化碳灭火器				
任务描述	1. 检查灭火器是否正常； 2. 正确使用二氧化碳灭火器灭火				

（1）检查二氧化碳灭火器是否正常并记录其状态。

（2）简述检测方法与步骤。

（3）简述使用二氧化碳灭火器的注意事项。

（4）参考评分标准正确使用灭火器，如表 1-1 所示。

表 1-1　灭火器选择和使用自评表

序号	项目	内容	评分标准	配分	得分
1	准备工作	检查灭火器压力、铅封、出厂合格证、有效期、瓶体、喷管	未检查灭火器扣 2 分；压力、铅封、瓶体、喷管、有效期、出厂合格证漏检查一项并未说明，扣 0.5 分	2	
2	火情判断	根据火情选择合适的灭火器（灭火前可以重新选择灭火器），准确判断风向	灭火器选择错误一次扣 5 分；风向判断错误扣 3 分	5	
3	灭火操作	根据火源的风向，确定灭火者所处的位置；在火源安全距离时能迅速拉下安全环	灭火时所站立的位置不正确扣 4 分；灭火距离不对扣 3 分；未迅速拉下安全环扣 2 分	5	
		手握喷嘴对准着火点，压下手柄，侧身对准火源根部由近及远扫射灭火。火未熄灭应继续更换操作	对准火源根部扫射时，考生站姿不正确的扣 2 分；未由近及远灭火扣 2 分；火未熄灭就停止操作扣 4 分	4	
4	检查确认	将使用过的灭火器放到指定位置，并注明已使用	灭火器未还原扣 1 分；未放到指定位置扣 1 分；未注明已使用扣 1 分	3	
		报告灭火情况	未报告灭火情况扣 1 分	1	

续表

序号	项目	内容	评分标准	配分	得分
5	否定项	限时 2 分钟	在规定的时间内，未按规定灭火或灭火未成功的，该题记为零分		
合计				20	

收获

项目二　电工工具及操作工艺

项目描述

本项目主要介绍常用电工工具的用途、规格及使用注意事项；常用电工仪表的用途及使用；导线连接、剖削、焊接与绝缘恢复等电工基本操作工艺。

项目目标

知识目标：

掌握实训工具使用。

掌握剥离线头绝缘层的方法。

掌握导线连接的方法。

熟悉常见接头加工。

能力目标：

掌握实训工具中各种电工钳子的使用方法。

掌握验电笔的检测与验电方法。

掌握万用表测量各种物理量的方法。

掌握导线加工及连接方法。

素质目标：

培养“标准规范操作、安全文明生产”的理念。

树立科学求实的工作作风。

培养一丝不苟的工匠精神。

大国工匠——夏立

技艺吹影镂尘，擦亮中华“翔龙”之目；组装妙至毫巅，铺就嫦娥奔月星途。当“天马”凝望远方，那一份份捷报，蔓延着他的幸福。作为通信天线装配责任人，夏立先后承担了“天马”射电望远镜、远望号、索马里护航军舰、“9·3”阅兵参阅方阵上通信设施等的卫星天线预研与装配、校准任务，装配的齿轮间隙仅有0.004毫米，相当于一根头发丝的1/20粗细。在生产、组装工艺方面，夏立攻克了一个又一个难关，创造了一个又一个奇迹。

任务 2.1 认识钳子

2.1.1 钢丝钳

钢丝钳

钳子在使用时要量力而行，不可以超负荷使用。不可在切不断的情况下扭动钳子，这样容易崩牙与损坏，无论是钢丝、铁丝或者铜线，只要钳子能留下咬痕，就可用钳子前口的齿夹紧钢丝，轻轻地上抬或者下压钢丝，即可掰断钢丝，不但省力，而且不会损坏钳子，可以有效地延长其使用寿命。另外，钢丝钳分为绝缘和不绝缘的，在带电操作时应该注意区分，以免被强电伤到。

钢丝钳的外形由钳口、齿口、刀口、钳头、铡口、钳柄、绝缘套等组成，如图 2-1 所示。

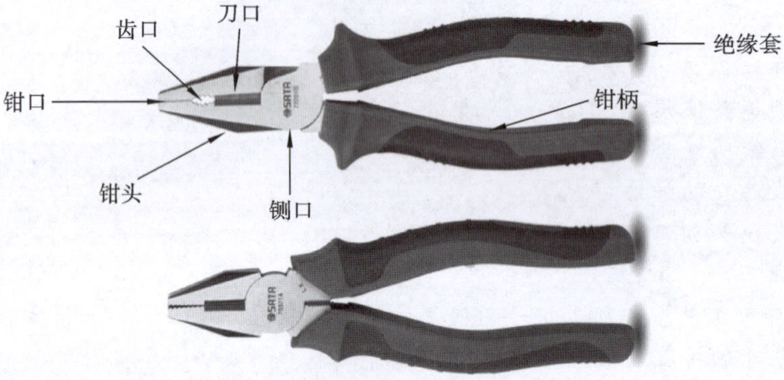

图 2-1 钢丝钳外形

一般使用右手操作钢丝钳，钳口朝内便于控制钳切部位，用钳子前口的齿夹紧钢丝，轻轻地上抬或者下压钢丝，就可以掰断钢丝，不但省力，而且不会损坏钳子，可以有效地延长其使用寿命。齿口可用于紧固或拧松螺母，刀口可用于修剪导线或拔取铁钉，铡口可用于切较细的导线或金属丝，如图 2-2 所示。

注意事项

(1) 钢丝钳在使用过程中切勿将绝缘手柄碰伤、损伤或烧伤，且要注意防潮。

(2) 钳子使用时要量力而行，不可以超负荷使用，不可在切不断的情况下扭动钳子，容易崩牙与损坏。

(3) 带电操作时，手与钢丝钳的金属部分保持 2 cm 以上的距离。

(4) 不能当榔头使用。

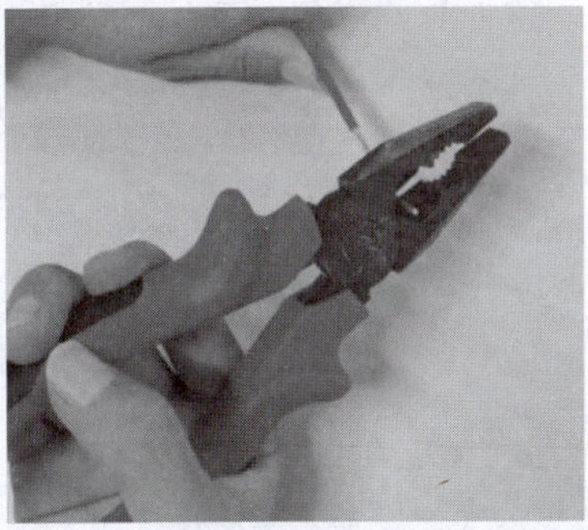

使用钢丝钳的刀口切割导线

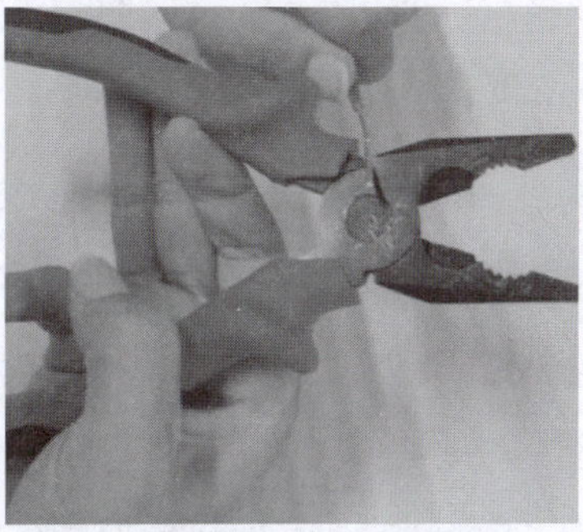

使用钢丝钳的铡口切割导线

图 2-2　钢丝钳使用方法

2.1.2　斜口钳

斜口钳(见图 2-3)的头部是偏斜式刀口,因此又叫扁嘴钳或剪线钳、断线钳,样子和尖嘴钳类似,但钳口不同,可以贴近导线或金属的根部进行切割。它的柄部有铁柄、管柄和绝缘柄之分,斜口钳主要用来剪断较粗的金属丝、线材和电线等。它由优质的弹簧钢制成,有极高的硬度和韧性;它的刃口锋利,耐磨,剪切阻力小;使用安全,携带方便。

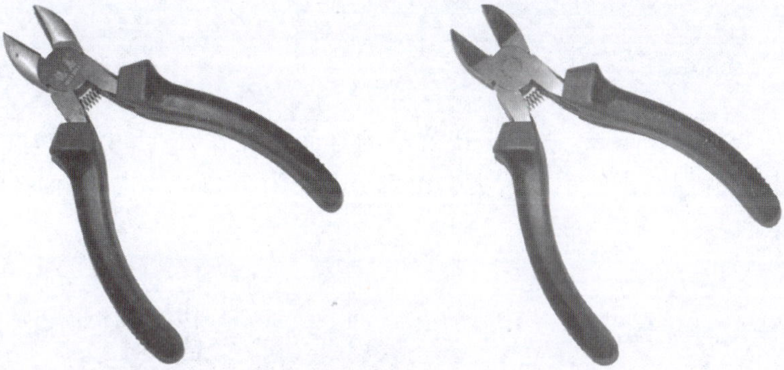

图 2-3　斜口钳外形

使用时将偏斜式的刀口正面朝上,背面靠近需要切割导线的位置,这样可以准确切割,防止切割位置出现偏差,如图 2-4 所示。

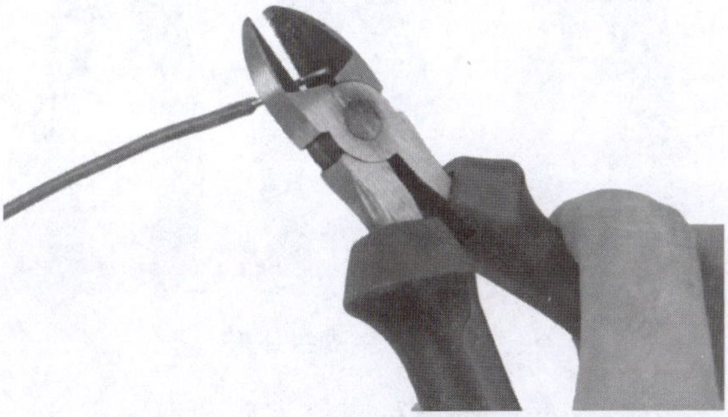

图 2-4　斜口钳使用方法

将偏斜式刀口的正面朝上，反面靠近需要切割导线的位置，用力握紧钳柄，对导线进行切割。

注意事项

使用前要检查绝缘柄是否完好，剪断导线时一定要一根一根剪，不可多股导线一起剪，以免发生短路，如图 2-5 所示。

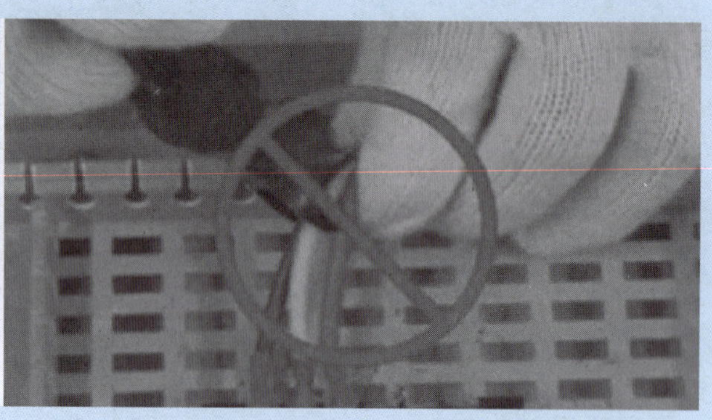

图 2-5 斜口钳错误操作

2.1.3 尖嘴钳

尖嘴钳的头部比较细长，适用于在狭小的空间内操作，它由尖头、刀口和钳柄组成，手握的部分是绝缘层包裹的手柄。尖嘴钳可分为带有刀口的尖嘴钳和无刀口的尖嘴钳，如图 2-6 所示。

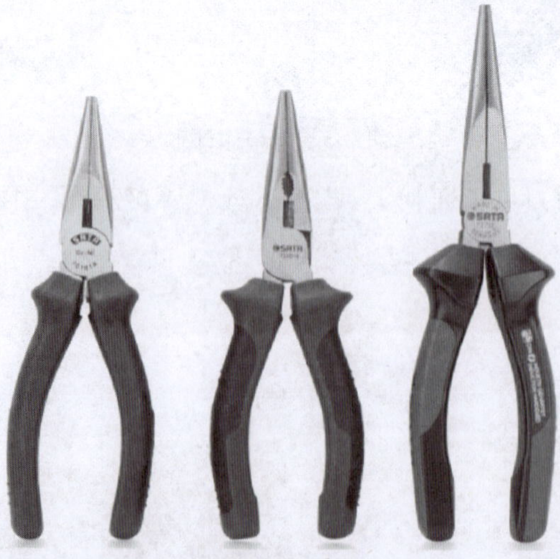

图 2-6 尖嘴钳外形

使用时用右手握住钳柄，不能将钳头对向自己或其他人。可以用钳头上的刀口修整导线，再用钳口夹住导线的接线端子，对其进行修整固定，如图 2-7 所示。

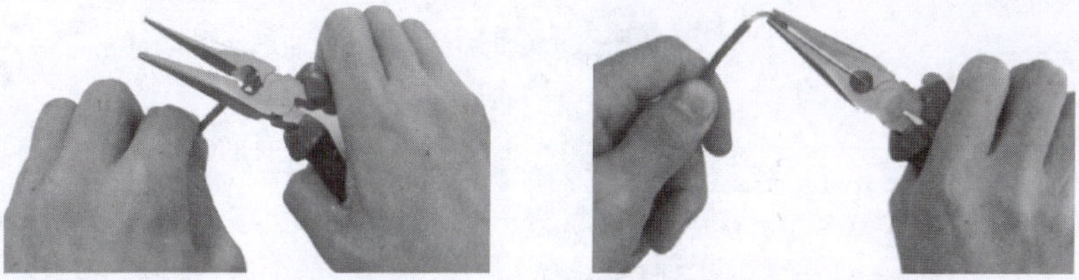

用尖嘴钳刀口修整导线　　用尖嘴钳钳口钳住导线进行调整

图 2-7　尖嘴钳使用方法

注意事项

(1) 使用前,必须检查绝缘柄的绝缘体是否完好。

(2) 不得带电操作,以免发生触电事故。

(3) 用尖嘴钳剪断带电导线时,必须单根进行,以免发生短路故障。

2.1.4　剥线钳

剥线钳(见图 2-8)由钳口和手柄两部分组成,钳口部分设有几个刃口,用来剥落不同线径的导线绝缘层,电工操作中常用的剥线钳可分为压接式剥线钳(见图 2-8)和自动式剥线钳(见图 2-9)。

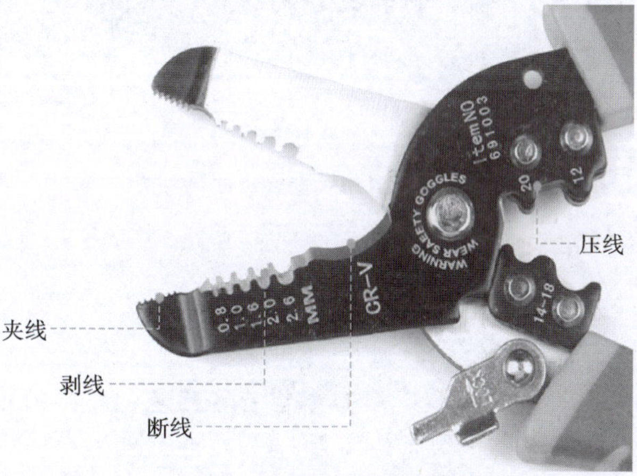

图 2-8　压接式剥线钳

压接式剥线钳的上端有不同型号线缆的剥线口,范围一般为 0.5～4.5 mm。

自动式剥线钳的钳头部分分为左、右两端:一端的钳口平滑,为压线端;另一端的钳口有多个切口(范围为 0.5～3 mm)。压线端(平滑钳口)用于卡紧导线,多个切口用于切割和剥落不同线径导线的绝缘层。

使用时需根据导线规格选择合适尺寸的切口,将导线放入该切口中,按下钳柄即可将绝缘层隔断,再次紧压手柄时,钳口分开加大,切口端将绝缘层与导线芯分离,如图 2-10 所示。

(1) 将导线需要剖削处置于剥线钳合适的切口中。

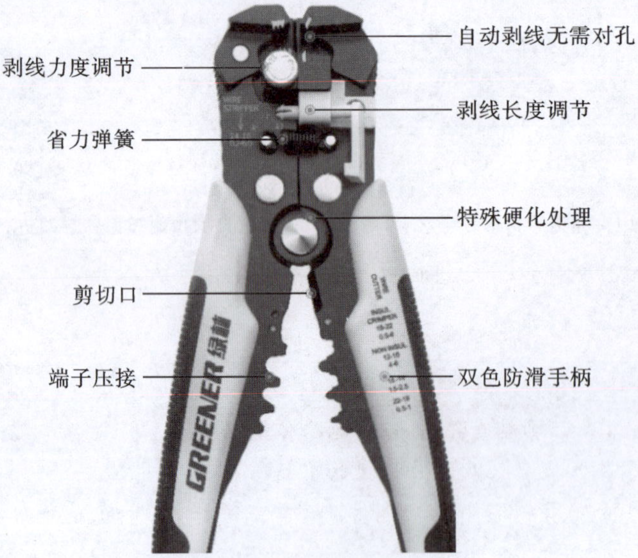

图 2-9 自动式剥线钳

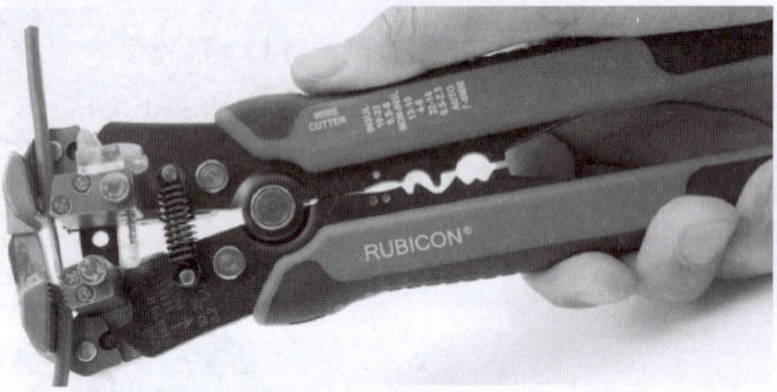

图 2-10 自动式剥线钳使用方法

(2) 用手握住剥线钳手柄，将导线的绝缘层剥下。

注意事项

只有选择合适的孔径才能达到剥线钳的使用目的。在使用时要选好刀刃孔径，若刀刃孔径选大，则难以剥除绝缘层；若刀刃孔径选小，则会切断或损伤芯线。

2.1.5 压线钳

压线钳(见图 2-11)是对软线的压接，在控制回路接线过程中被广泛使用，端子需要根据导线的粗细、压接长度选配。例如，对于 1.5 mm^2 的导线，选取 1.5 mm^2 大小的端子。

使用时手握住钳柄，将需要连接的线缆和接线头插接后，放入压线钳合适的卡口中，向下按压即可，如图 2-12 所示。

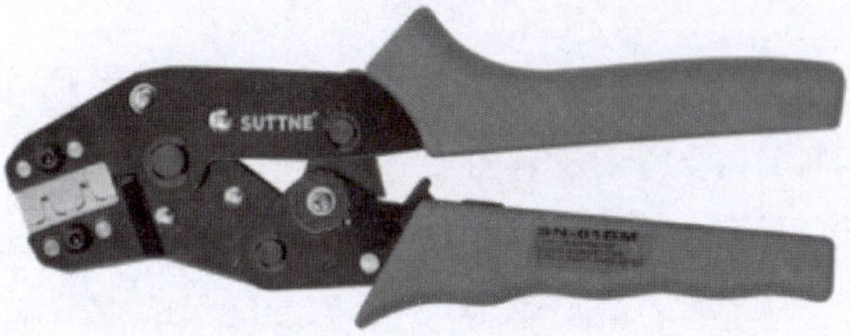

图 2-11　压线钳外形

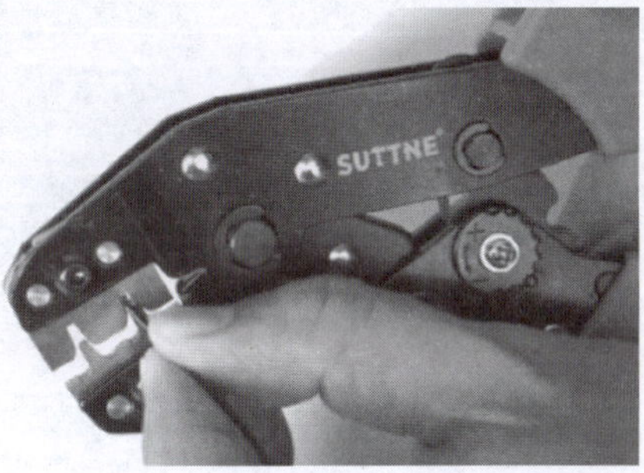

图 2-12　压线钳使用方法

任务 2.2　认识螺钉旋具

螺钉旋具又称为旋凿或起子，它是一种紧固或拆卸螺钉的工具。螺钉旋具的式样和规格很多，有的螺钉旋具头部带有磁性，可以吸住待拧紧的螺钉，能准确定位、拧紧，使用很方便，目前使用也较广泛。螺钉旋具按头部形状可分为一字形螺钉旋具和十字形螺钉旋具两种。

螺钉旋具

1. 一字形螺钉旋具

一字形螺钉旋具由绝缘手柄和一字形螺钉旋具头构成，头部为薄楔形头，常用规格有 50 mm、100 mm、150 mm、和 200 mm 等，如图 2-13 所示。

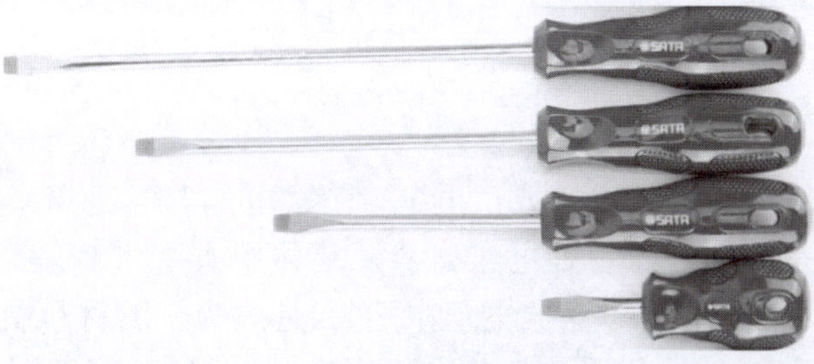

图 2-13　一字形螺钉旋具

2. 十字形螺钉旋具

十字形螺钉旋具专供紧固和拆卸十字槽的螺钉，由绝缘手柄和十字交叉的薄楔形头构成，常用的规格有四种：Ⅰ号适用于螺钉直径为 2～2.5 mm；Ⅱ号适用于螺钉直径为 3～5 mm，Ⅲ号适用于螺钉直径为 6～8 mm；Ⅳ号适用于螺钉直径为 10～12 mm，如图2-14所示。

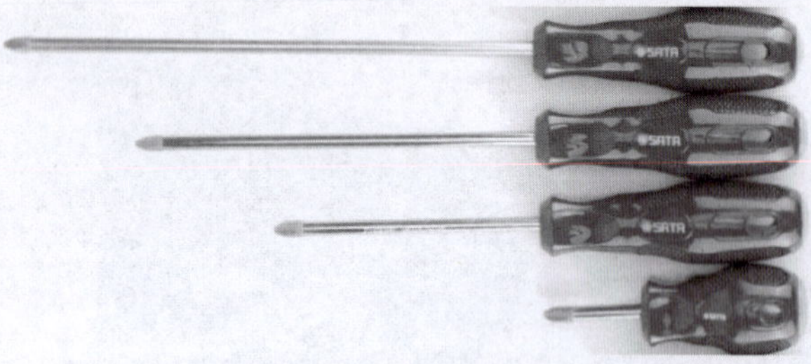

图 2-14　十字形螺钉旋具

使用时根据螺钉的规格型号选用，否则容易造成螺钉卡槽损伤，大螺钉旋具一般用来紧固较大的螺钉，使用时，除大拇指、食指和中指要夹住握柄外，手掌还要顶住柄的末端，这样就可防止旋具转动时滑脱。小螺钉旋具使用时可用手指顶住末端捻旋。较长螺钉旋具可用右手压紧并转动手柄，左手握住螺钉旋具中间部分，以使螺丝刀不滑脱，此时手不得放在螺钉的周围，以免螺丝刀滑出时将手划伤。

注意事项

（1）不可使用金属杆直通柄顶的螺钉旋具，否则易造成触电事故。

（2）使用螺钉旋具紧固和拆卸带电的螺钉时，手不得触及旋具的金属杆，以免发生触电事故。

任务 2.3　认识验电笔

验电笔

验电笔（见图 2-15）也叫测电笔或试电笔，简称“电笔”，它是用来检测导线、电器和电气设备的金属外壳是否带电的一种电工工具。笔体中有一氖管，测试时如果氖管发光，则说明导线有电或为通路的火线。验电笔中笔尖、笔尾为金属材料制成，笔杆为绝缘材料制成。使用验电笔时，一定要用手触及验电笔尾端的金属部分，否则，因带电体、验电笔、人体与大地没有形成回路，验电笔中的氖泡不会发光，造成误判，认为带电体不带电。

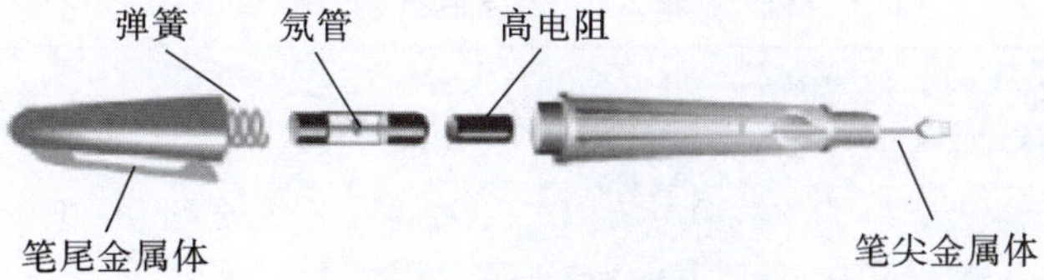

图 2-15　验电笔组成

注意事项

(1) 使用验电笔之前应先检查验电笔内有否安全电阻,然后检查验电笔是否损坏、受潮或进水现象。

(2) 在使用验电笔测量电气设备之前,先要将验电笔在有电源的部位检查一下氖管能否正常发光,如能正常发光,方可使用。

(3) 在明亮的光线下使用验电笔测量带电体时,应注意避光,以免因光线太强而不易观察氖管是否发光,造成误判。

(4) 螺丝刀式验电笔前端金属体较长,应加装绝缘套管,避免测试时候造成短路或触电事故(见图 2-16)。

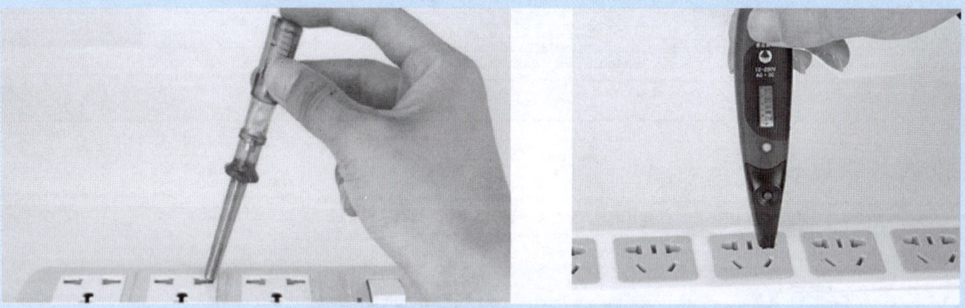

图 2-16　验电笔正确使用方法

操作工单 2-1　验电笔拆装及使用

任务名称	验电笔拆装及使用	姓名		班级	
相关器材	氖泡验电笔 1 支，数字式验电笔 1 支，电源插座 1 个，螺丝刀 1 把				
任务描述	1. 拆卸氖泡验电笔，查看组成； 2. 正确使用验电笔辨别火线和零线				

（1）拆卸验电笔后记录其组成。

（2）简述验电笔测量时注意事项。

（3）检测方法与步骤（把各种检测方法所观察的现象填入表 2-1 中）。

第一种方法：使用数字式验电笔，检测带电插孔。

第二种方法：使用氖泡验电笔，手接触笔尾金属体，笔尖接触带电插孔。

第三种方法：使用氖泡验电笔，手不接触笔尾金属体，笔尖接触带电插孔。

表 2-1　检测方法

检测方法	现象
第一种方法	
第二种方法	
第三种方法	

（4）提出问题。

氖泡验电笔接触带电插孔时，火线与地面间的电压为 220 V，为何人未发生触电事故？

收获

任务 2.4　认识万用表

万用表是测量交直流电流、电压及电阻等多种电学参量的仪器，一般可分为指针式万用表和数字式万用表两种。

2.4.1　指针式万用表

指针式万用表（见图 2-17）读取精度较差，但指针摆动的过程比较直观，其摆动幅度有时也能比较客观地反映被测量的大小。指针式万用表的型号很多，但基本结构类似，主要由表头、转换开关（又称选择开关）、测量线路等三部分组成。

认识万用表

表头：是测量的显示装置码，万用表的表头实际上是一个灵敏电流计。

转换开关：选择被测电量的种类和量程（或倍率）。

测量线路：将不同性质和大小的被测电量转换为表头所能接受的直流电流。

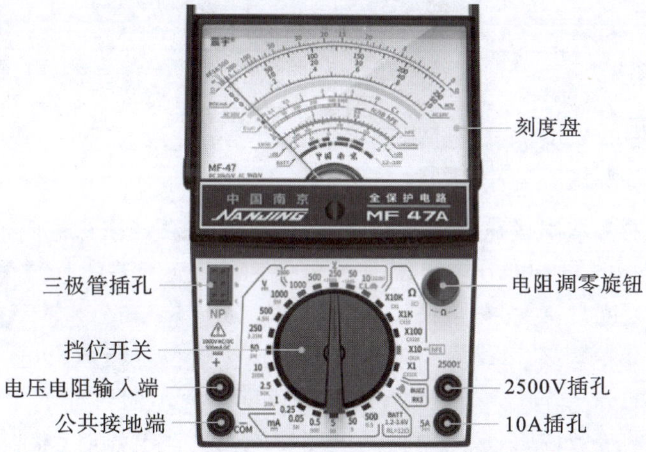

图 2-17　指针式万用表

使用指针式万用表时，需先连接好表笔，然后根据需要测量的类型调整功能旋钮和量程，红表笔与“+”极性插孔相连，黑表笔与“—”或“*”或“COM”极性插孔相连。测量直流量时，注意正、负极性，以免指针反转。

测电压时，应将转换开关放在相应的电压挡；测电流时，应选择相应的电流挡等。选择电流或电压量程时，最好使指针处在标度尺三分之二以上位置；选择电阻量程时，最好使指针处在标度尺的中间位置。测量时，不确定被测数值范围时，应先将转换开关转至对应的最大量程，然后根据指针的偏转程度逐步减小至合适的量程。

1. 测电压

测电压时，表笔必须并接在被测电路中，否则极易烧表。测直流电压时，注意被测电量极性，正端接红笔，负端接黑笔。测量 1000 V 以下电压时，选至所需的直流电压挡或交流电压挡(注意区分交直流)，红表笔接“＋”端，在第 2 圈刻度盘读数，刻度值按量程折算。正确使用挡位和刻度，应在指针偏转较大位置读数，以提高测量精度。同时，为减小万用表的分流作用，在保证指针偏转角度不太小的情况下尽量选择高量程挡进行测量，这时表的等效内阻较大，对被测电路影响小。交流电压挡刻度指示的是正弦信号有效值，仅适用于 45 Hz～1 kHz 正弦信号的测量，否则测量误差很大，结果只能作为参考。测电压时，不能在测量的同时换挡。如需换挡应先断开表笔，换挡后再测量，否则会使万用表毁坏，如图 2-18 所示。

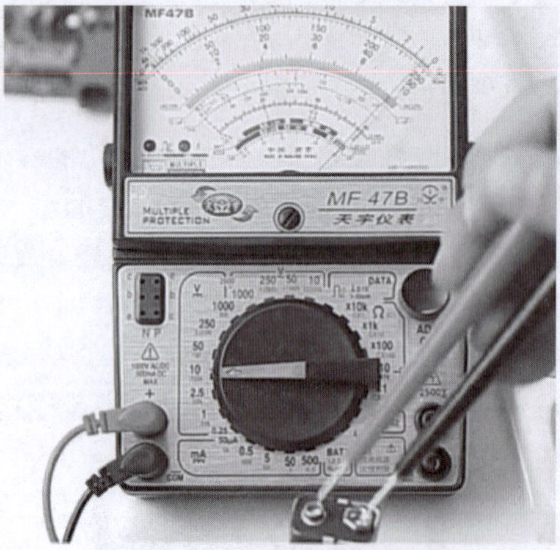

图 2-18　指针式万用表测电压

2. 测电流

测电流时，表笔必须串接在被测电路中，否则极易烧表。注意被测电量极性，正端接红笔，负端接黑笔。测量 500 mA 以下直流电流时，选至所需的直流电流挡，红表笔接“＋”端，在第 2 圈刻度盘读数，刻度值按量程折算。测量 500 mA～5 A 直流电流时，挡位选至扩展电流挡，红表笔接“5A”端。应在指针偏转较大位置读数，以提高测量精度。同时，为减小万用表的分压作用，在保证指针偏转角度不太小的情况下尽量选择高量程挡进行测量，这时表的等效内阻较小，对被测电路影响小。测电流时，不能在测量的同时换挡。如需换挡应先断开表笔，换挡后再测量，否则会使万用表毁坏，如图 2-19 所示。

3. 测电阻

选挡与调零：测电阻时先选择合适的电阻挡，然后将表笔短接，调零器使指针回 0(每次换挡都应重新进行调零)。

测量与读数：将表笔接电阻两端，进行读数。电阻值为电阻值刻度盘读数乘以当前选择电阻挡位倍数。

挡位：选择使指针指在满刻度的 1/3～2/3 的挡位，以减小测量误差。

必须断电测量，当不能确定被测电阻是否有并联电阻存在时，必须先使电阻一端与电路断开，如电路中有电容应先行放电，然后进行测量，如图 2-20 所示。

测量电阻的具体步骤如下：

(1) 将红、黑表笔分别插到万用表的正极性“＋”和负极性“－”插孔中。

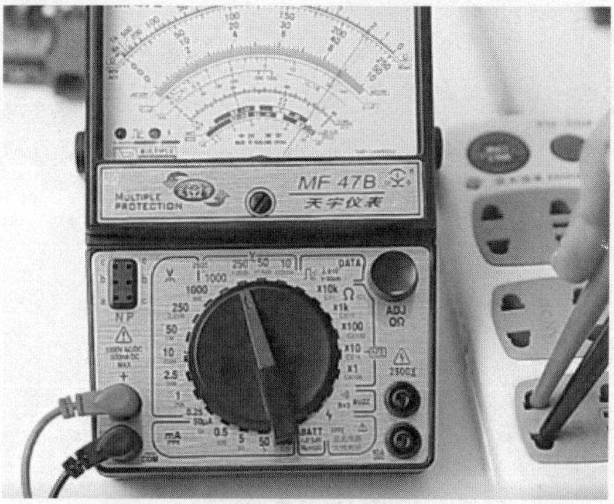

图 2-19　指针式万用表测电流

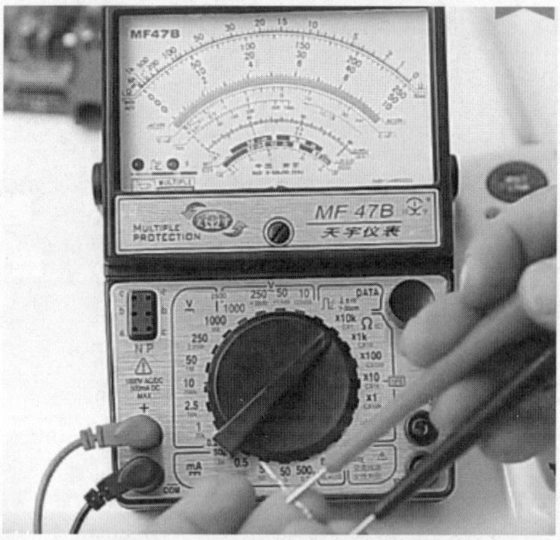

图 2-20　指针式万用表测电阻

(2) 使用调零旋钮微调表头校正钮，使指针指向左侧“0”刻度位。

(3) 根据测量目的确定功能和量程旋钮的位置。

(4) 选择好挡位及量程后，将万用表的红、黑两表笔短接，同时调整零欧姆调整钮，直至使指针式万用表的指针指在 0 Ω 的刻度位置。

(5) 将指针式万用表的红、黑表笔分别搭在待测电动机绕组引出线两端，根据万用表指针在表盘上的指示位置识读出当前的测量结果。

根据指针指示识读测量结果：测量参数值为电阻值，应选择电阻刻度读数，即选择最上一行的刻度线，从右向左开始读数，数值为“4”，结合万用表量程旋钮位置，实测结果为 4×1 Ω=4 Ω。当使用指针式万用表测量时，所测参数为电阻值，除了读取表盘数值外，还要结合量程旋钮位置。若量程旋钮置于“R×10”电阻挡，实测时指针指示数值为“5.5”，则实际结果为 5.5×10 Ω=55 Ω；若量程旋钮置于“R×100”电阻挡，则实际结果为 5.5×100 Ω=550 Ω，依此类推。

2.4.2 数字式万用表

数字式测量仪表(见图 2-21)已成为主流,数字式仪表灵敏度高,准确度高,显示清晰,过载能力强,便于携带,使用更简单。量程开关表盘上的数值均为最大量程。

Ω:电阻挡;

A～:交流电流挡;

A—:直流电流挡;

V—:直流电压挡;

V～:交流电压挡。

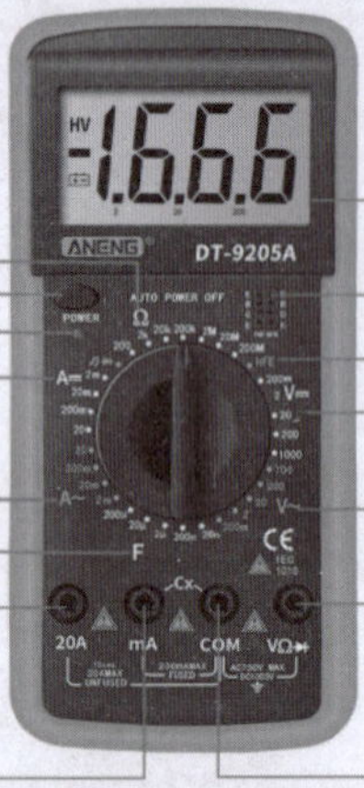

图 2-21 数字万用表

(1) 交直流电压的测量:根据需要将量程开关拨至 DCV(直流)或 ACV(交流)的合适量程,红表笔插入 V/Ω 孔,黑表笔插入 COM 孔,并将表笔与被测线路并联,读数即显示。

(2) 交直流电流的测量:将量程开关拨至 DCA(直流)或 ACA(交流)的合适量程,红表笔插入 mA 孔(<200 mA 时)或 20A 孔(>200 mA 时),黑表笔插入 COM 孔,并将万用表串联在被测电路中即可。测量直流量时,数字万用表能自动显示极性。当误用交流电压挡去测量直流电流,或者误用直流电流挡去测量交流电流时,显示屏将显示“000”,或低位上的数字出现跳动。

(3) 电阻的测量:将量程开关拨至 Ω 的合适量程,红表笔插入 V/Ω 孔,黑表笔插入 COM 孔。如果被测电阻值超出所选择量程的最大值,万用表将显示“1”,这时应选择更高的量程。测量电阻时,红表笔为正极,黑表笔为负极,这与指针式万用表的正好相反。因此,测量晶体管、电解电容器等有极性的元器件时,必须注意表笔的极性,如图 2-22 所示。

数字万用表的使用步骤如下:

(1) 将黑表笔插头插入 COM 公共接地插孔(黑色)中,根据测试需要,将红表笔插头插入电阻检测插孔(红色)中。

(2) 打开电源开关,万用表工作,显示屏显示出测量单位(如 Ω、V 等)或测量功能。

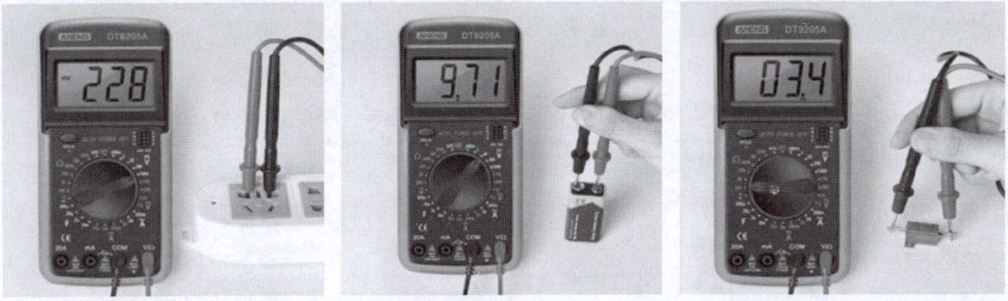

交流电压测量
将转盘转到相对应的挡位，家庭常用交流电压为220 V以上

直流电压测量
常用9V电池，正常电压为9V左右，测量结果为有电可继续使用

电阻测量
将转盘转到电阻挡位，如图用表笔进行测量

图 2-22　数字万用表测电压、电流、电阻

(3) 以检测交流电压为例，将万用表的量程调至“交流 750V”电压挡，将红、黑表笔分别插入市电插座中，观察万用表显示屏读数，实测数值为 221 V，测得交流电压为 221 V。

注意事项

(1) 测量前，先检查红、黑表笔连接的位置是否正确。

(2) 在表笔连接被测电路之前，一定要查看所选量程与测量对象是否相符，否则会误用挡位和量程，并禁止在测量时换量程，以防止产生电弧，烧毁开关触点。

(3) 测量时，手指不要触及表笔的金属部分和被测元器件，测量中若需转换量程，则必须在表笔离开电路后才能进行，否则选择开关转动产生的电弧易烧坏选择开关的触点，造成接触不良的事故。

(4) 严禁线路未断电时测量线路的通断、阻值，防止损坏万用表。

操作工单 2-2 万用表的使用

任务名称	万用表的使用	姓名		班级	
相关器材	MF500-4 型万用表、直流稳压电源、滑线变阻器、标准电阻箱、电阻板、暗盒子、伏特表、毫安表、单刀开关、双刀开关、导线 7 根、故障线 2 根				
任务描述	1. 用万用表测量交流电压； 2. 用万用表测量直流电流和电阻				

1. 实验内容步骤及实验记录

(1) 用万用表测量交流电压、直流电流和电阻。

用交流电压挡测量市电电压值(约 220 V):将万用表置于交流 250 V 挡,调零。用表笔探测交流电源插座的插孔。手不可接触表笔金属部分,得出何实验结果?

用欧姆挡测量电阻板上的电阻值,并指明所用挡位的中值电阻值为多少?测量前必须调零,并使电路不闭合、不通电。将电阻测量值填入表 2-2 中。

表 2-2 电阻测量值记录表

电阻值	1 kΩ	20 kΩ	100 kΩ
测量值/kΩ			
电阻值/kΩ			
中值电阻/kΩ			

按图 2-23 所示连接电路。电源电压取 5 V,选择合适的量程分别测出 U_{ab} 、U_{bc} 、U_{cd}、U_{bd} 和 U_{ad} ,同时要记录测量量程及其内阻(灵敏度为 20 kΩ/V),如表 2-3 所示。

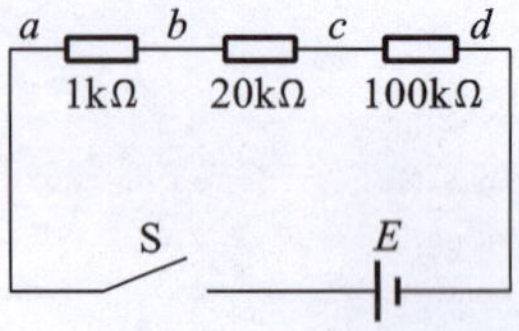

图 2-23 测试电路 1

表 2-3 电压测量值记录表

电压值	U_{ab}	U_{bc}	U_{cd}	U_{bd}	U_{ad}
估算值/V					
测量值/V					
量程/V					
内阻/kΩ					

选择合适的量程测出回路中的电流 I,并记录测量量程和内阻(50 μA 表头,内阻 r_g

=3.1 kΩ)，如表 2-4 所示。

表 2-4　电流测量值记录表

电流值	回路电流 I	量程	内阻
估算值/μA			
测量值/μA			

(2) 用万用表检查和排除故障(用伏特计法)。

按图 2-24 所示连接电路。其中电源电压 E 取 5 V，电阻用电阻箱 500 Ω 左右。把检查过程记录下来。

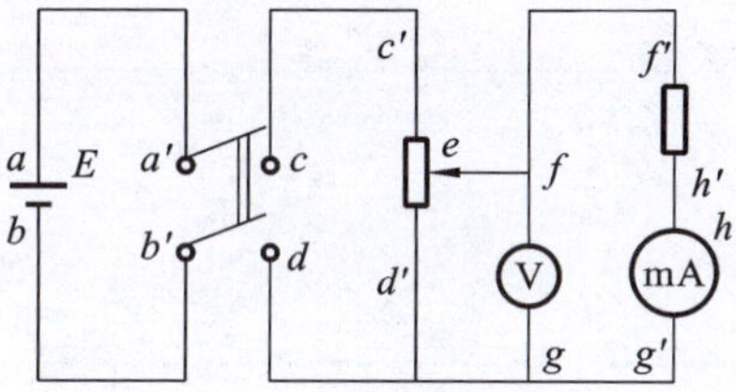

图 2-24　测试电路 2

(3) 用万用表判断黑盒子内的元器件及其连接电路。元器件有干电池(1.5V)、电容器、电阻、二极管。

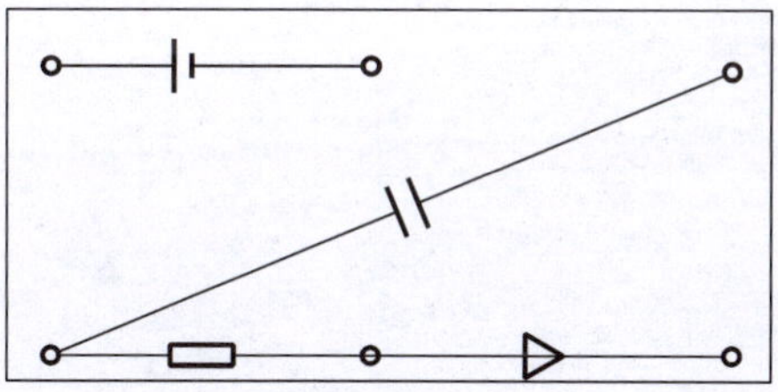

2. 误差分析

由图 2-23 所示电路的电压测量数据发现，实际测量值小于计算值，尤其是 U_{cd}。原因是：万用表接入电路，形成接入误差。其计算如表 2-5 所示。

表 2-5　接入误差计算

电压值	U_{ab}	U_{bc}	U_{cd}	U_{bd}	U_{ad}
内阻					
接入误差					
测量值					
修正后的测量值					

3. 注意事项

（1）测量前一定要根据被测量的种类、大小将转换开关拨至合适的位置；

（2）执表笔时，手不能接触任何金属部分；

（3）测试时采用跳跃接法，即在用表笔接触测量点的同时，观察电表指针偏转情况，随时准备在出现不正常现象时使表笔离开测量点。

4. 提出问题

（1）万用表可以用来测量哪些物理量？测量电压、电流时分别要注意些什么？

（2）万用表的欧姆挡有什么特点？测量电阻时应注意些什么？

（3）用伏特计法检查电路故障时，一般应按什么检查顺序？

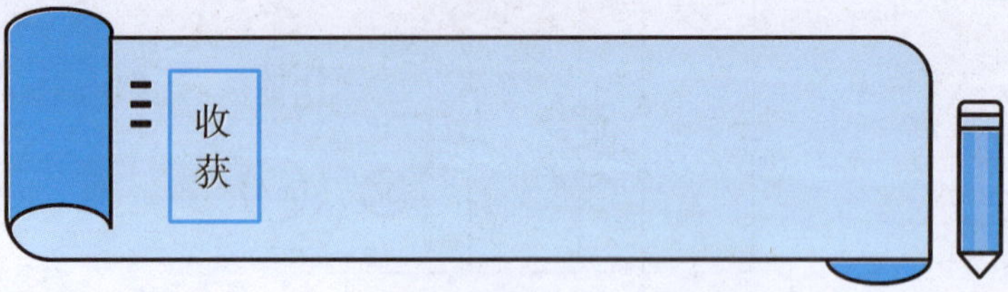

任务 2.5　剥离线头绝缘层

塑料硬导线的剥线可以使用钢丝钳、斜口钳、剥线钳或电工刀进行操作，不同操作工具，剥线方法有所不同。因塑料软线太软，塑料软导线的线芯由多股金属丝组成，其绝缘层只能用剥线钳或斜口钳来剥离，不适合用电工刀。

2.5.1　钢丝钳或斜口钳

塑料硬导线可以使用钢丝钳或斜口钳，用手捏住塑料硬导线，在需要剥离绝缘层处，用钳子的切口钳住绝缘层轻轻旋转一周，钳时不要太用力，以免伤及芯线。接着用左手抓牢电线，右手握住钢丝钳，用钳头钳住要除去的绝缘层部分，用力向外拉动，即可剖下塑料绝缘层，如图 2-25、图 2-26 所示。

导线剥线

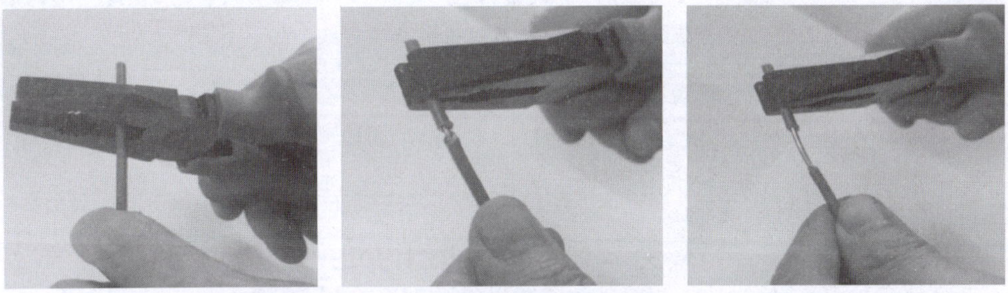

图 2-25　钢丝钳剥离硬导线

图 2-26　剖削出的线芯应保持完整无损

(1) 左手握住导线一端，右手用钢丝钳刀口绕导线旋转一周，轻轻切破绝缘层。
(2) 右手握住钢丝钳，用钳头钳住要去掉的绝缘层。
(3) 使用钢丝钳向外用力剥去塑料绝缘层。
(4) 注意不可用钳子的刀口用力夹住绝缘层。

2.5.2　剥线钳

采用剥线钳剖削塑料硬导线(或软导线)的绝缘层是电工操作中比较规范和简单的方法。一般适用于横截面积大于 4 mm^2 的塑料导线绝缘层。

压接式剥线钳：先选择合适的刀口尺寸，钳与导线倾斜着放置(若垂直放置切较难切落)，按压手柄后扭正即可切断绝缘层，如图 2-27 所示。

自动式剥线钳：将导线需要剥离处置于剥线钳合适的位置，握住手柄切断导线绝缘层，如图 2-28 所示。

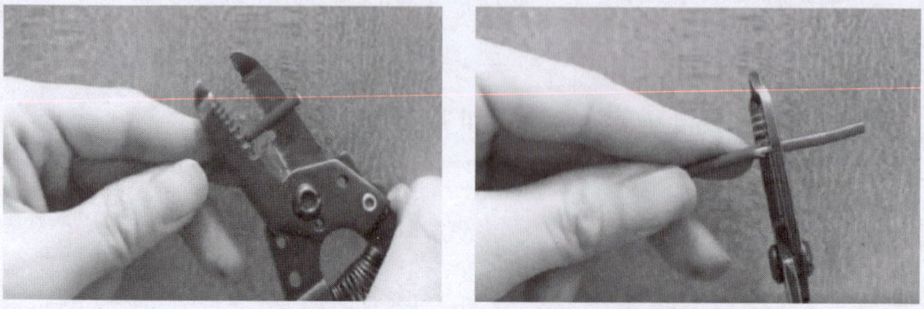

图 2-27　压接式剥线钳剥离硬导线

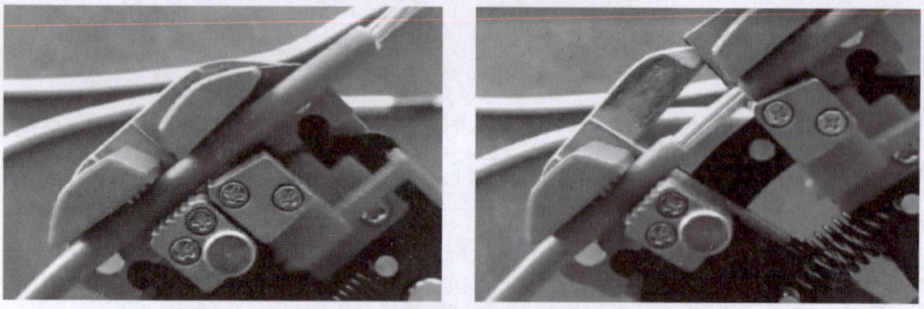

图 2-28　自动式剥线钳剥离硬导线

任务 2.6　导线的连接

除去导线线头的绝缘层后，就可以进行导线的连接。接线形式分为单股导线的缠绕式对接、单股导线的缠绕式 T 形连接、单股导线的绞接、单股导线的并头连接、两股导线的缠绕式对接、两股导线的缠绕式 T 形连接、多股导线的并头绕接。

2.6.1　单股导线的缠绕式对接

导线连接

当连接两根较粗的单股硬导线时，通常采用缠绕式对接方法，即另外用一根较细的同类型导线将对接的两根粗导线缠绕对接，并确保连接牢固可靠。

小截面单股铜导线连接方法：先将两导线的芯线线头作 X 形交叉，再将它们相互缠绕 2～3 圈后扳直两线头，然后将每个线头在另一芯线上紧贴密绕 5～6 圈后剪去多余线头即可，如图 2-29 所示。

大截面单股铜导线连接方法：先在两导线的芯线重叠处填入一根相同直径的芯线，再用一根截面约 1.5 mm 的裸铜线在其上紧密缠绕，缠绕长度为导线直径的 10 倍左右，然后将被连接导线的芯线线头分别折回，再将两端的缠绕裸铜线继续缠绕 5～6 圈后剪去多余线头即可，如图 2-30 所示。

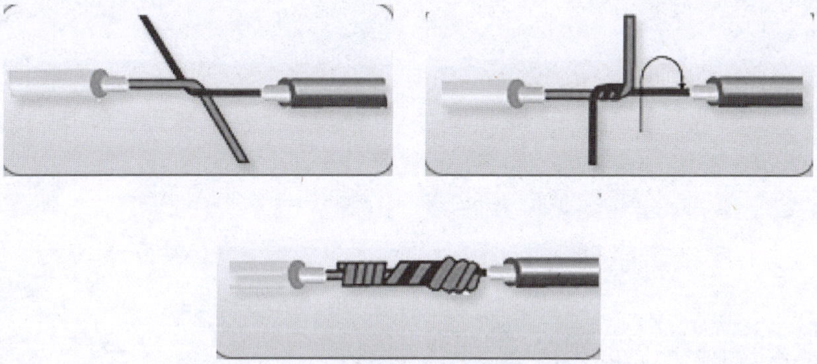

图 2-29　单股导线的缠绕式对接(小截面)

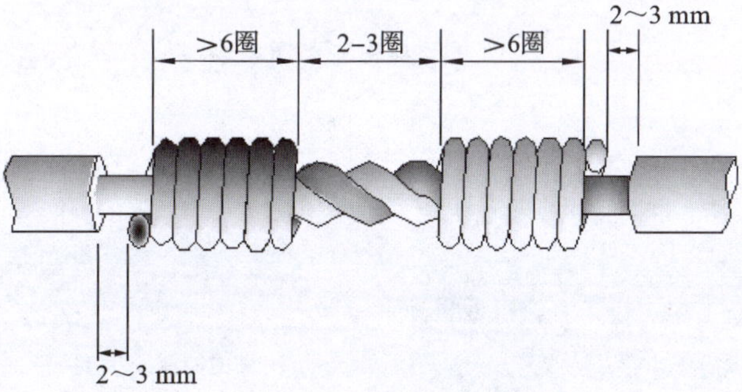

图 2-30　单股铜芯导线直接连接(大截面)

不同截面单股铜导线连接方法:先将细导线的芯线在粗导线的芯线上紧密缠绕 5～6 圈,然后将粗导线芯线的线头折回紧压在缠绕层上,再用细导线芯线在其上继续缠绕 3～4 圈后剪去多余线头即可,如图 2-31 所示。

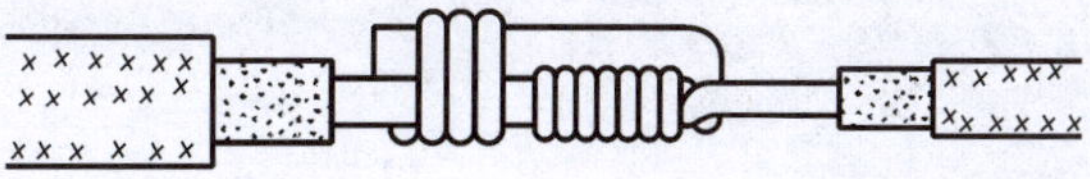

图 2-31　不同截面单股铜导线连接

2.6.2　塑料硬导线的剥线加工

塑料硬导线的剥线加工通常使用钢丝钳、剥线钳、斜口钳或电工刀进行操作,不同的操作工具,剥线方法也有所不同。

1. 使用钢丝钳剖削塑料硬导线

如图 2-32 所示,使用钢丝钳剖削塑料硬导线的绝缘层是电工操作中常使用的一种简单快捷的操作方法,一般适用于剥削横截面积小于 4 mm^2 的塑料硬导线。

2. 使用剥线钳剖削塑料硬导线

如图 2-33 所示,使用剥线钳剥削塑料硬导线的绝缘层也是电工操作中比较规范和简单的方法,一般适用于剖削横截面积大于 4 mm^2 的塑料硬导线绝缘层。

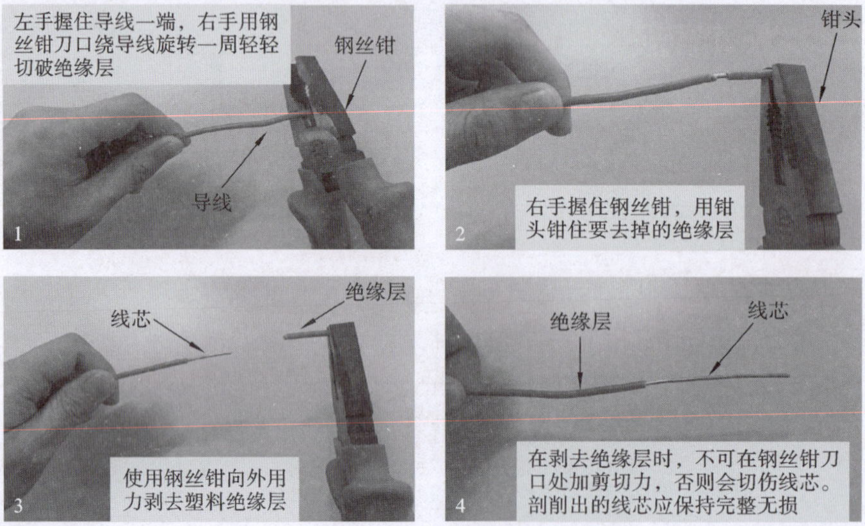

图 2-32　使用钢丝钳剥削塑料硬导线

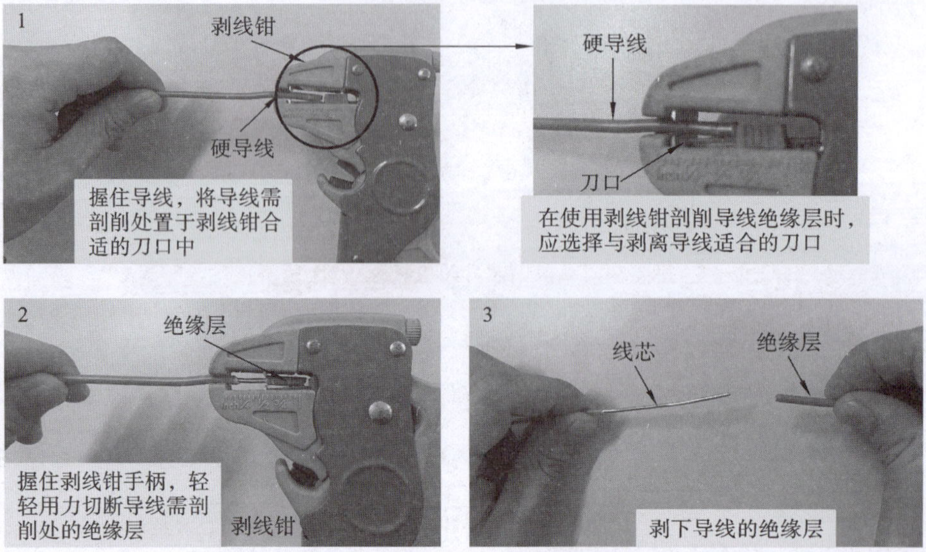

图 2-33　使用剥线钳剖削塑料硬导线的方法

3. 使用电工刀剥削塑料硬导线

如图 2-34 所示，一般横截面积大于 4 mm^2 塑料硬导线的绝缘层还可以使用电工刀剖削。

2.6.3　塑料软导线的剥线加工

如图 2-35 所示，塑料软导线也是电工常用的一种电气线材。塑料软导线的绝缘层通常采用剥线钳剖削。

2.6.4　单股导线的缠绕式 T 形连接

当连接一根支路和一根主路单股导线时，通常采用 T 形连接的方法，小截面积导线连接如图 2-36 所示。

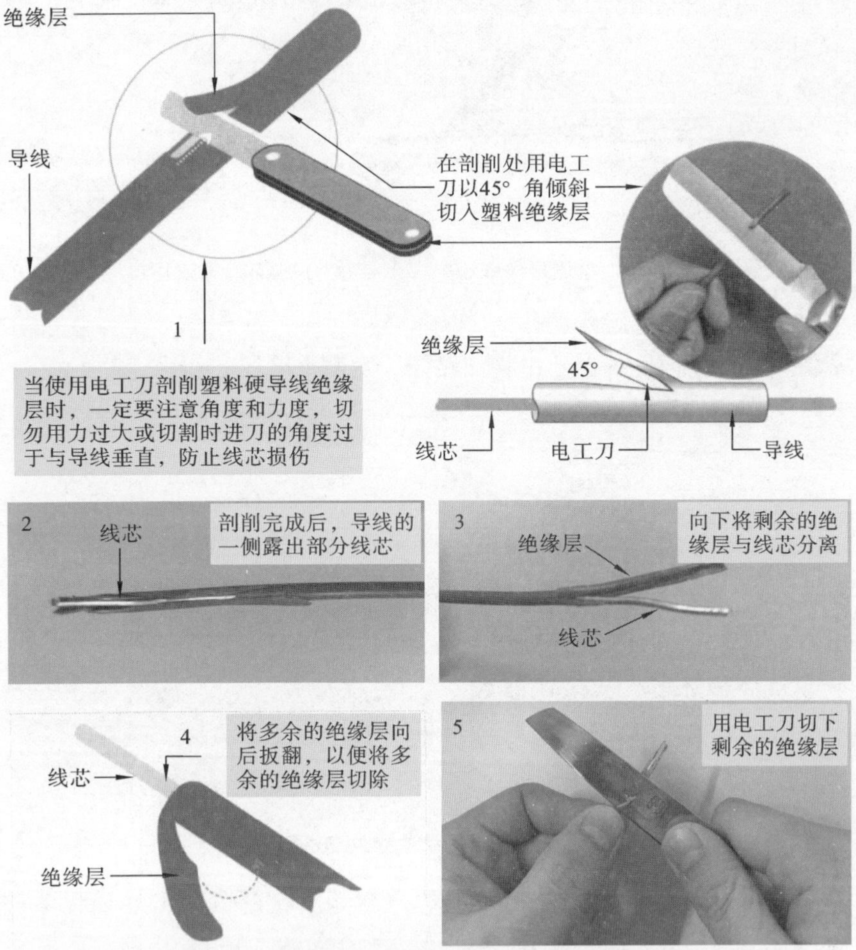

图 2-34　使用电工刀剖削塑料硬导线绝缘层的方法

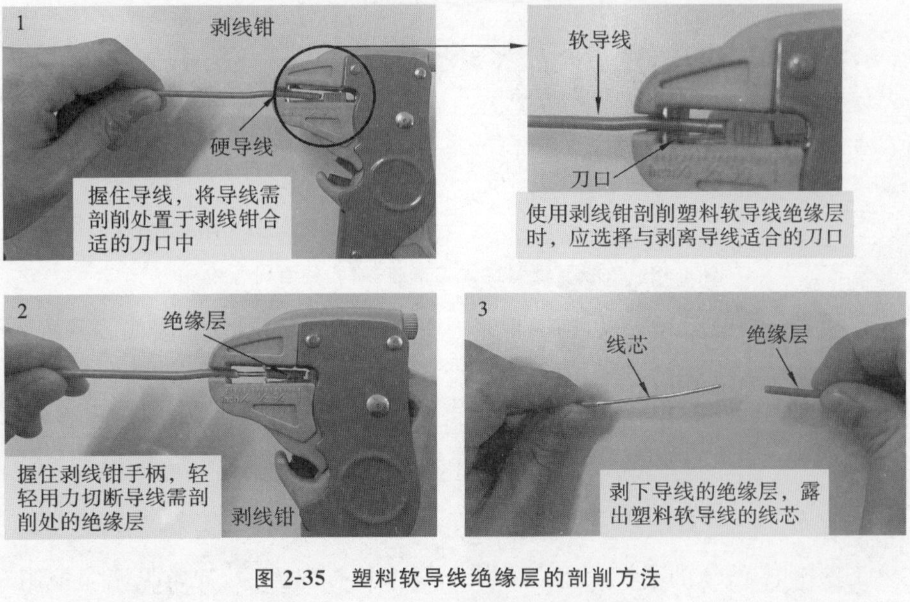

图 2-35　塑料软导线绝缘层的剖削方法

(1) 将去除绝缘层的线芯十字交叠，支路线芯根部留出 3～5 mm 裸线；

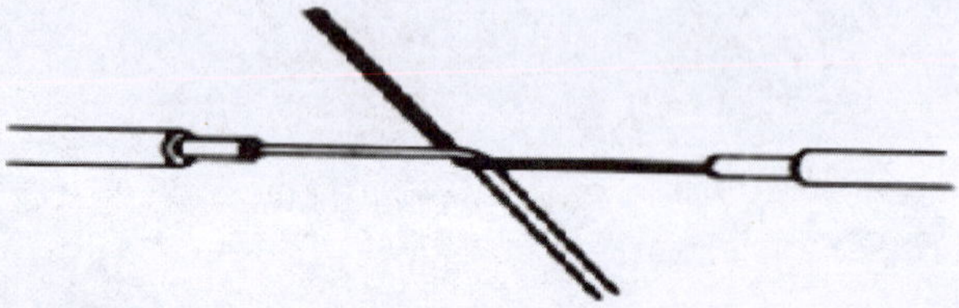

图 2-36　单股导线缠绕式 T 形连接(小截面积导线)

(2) 将支路线芯紧贴主路线芯开始密绕；

(3) 密绕 6～8 圈后，使用钢丝钳将支路线头紧贴主路线芯；

(4) 去除线芯末端及切口毛刺，确保支路线芯与主路线芯良好的缠绕效果，如图 2-37 所示。

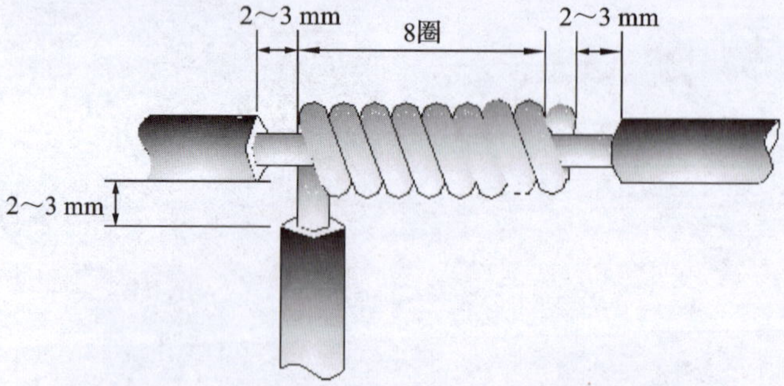

图 2-37　环绕扣结缠绕效果(小截面积导线)

对于横截面积较大的单股导线，可以将支路线芯在干线线芯上环绕扣结，然后沿着干线线芯顺时针贴绕，如图 2-38 所示。

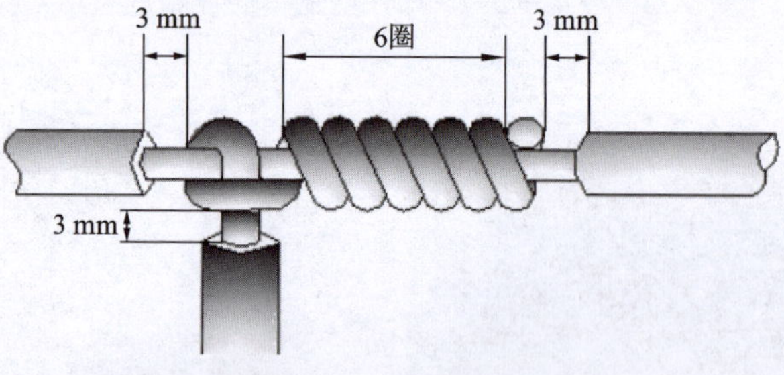

图 2-38　单股导线缠绕式 T 形连接(大截面积导线)

如果连接导线横截面积较大，则两根线芯十字交叉后，直接在主路线芯紧密缠绕 5～6 圈即可；

较小横截面积的线芯环绕成结状，再将支路线芯线头抽紧扳直，向左紧密缠绕 6～8 圈，减去多余线芯，用钳口切平毛刺。

2.6.5　单股导线的并头连接

在电工操作中，线缆的连接大都要求采用并头连接的方法，如常见照明控制开关中零线的连接、电源插座内同相导线的连接等。并头连接是指将需要连接的导线线芯部分并排摆放，然后用其中一根导线线芯绕接在其余线芯上的一种连接方法。两根塑料硬导线（单股铜芯硬导线）并头连接时，先将两根导线线芯并排合拢，然后在距离绝缘层15 mm处，将两根线芯扭绞3圈后，留适当长度，剪掉多余线芯，并将余线折回压紧。

具体操作步骤如下：

(1) 将两导线的绝缘层均剥去约50 mm；

(2) 用钢丝钳夹在导线切口处，将导线弯成约90°；

(3) 钢丝钳夹紧导线切口处，用手或借助尖嘴钳将两根线芯扭绞在一起；

(4) 将两条线芯互相对称地绕接在一起，按规范缠绕3圈；

(5) 留适当长度的余线后折回压紧。

2.6.6　两根多股导线的缠绕式对接

当连接两根多股塑料软导线时，一般采用缠绕式对接的方法，即将剥除绝缘层的导线线芯按照一定规律和要求互相缠绕连接。

(1) 将两根多股软导线的线芯散开拉直，绞紧线芯；

(2) 靠近绝缘层1/3处绞紧线芯，余下2/3线头分散成伞状；

(3) 线芯对插深度为线头长度的1/3，如图2-39所示；

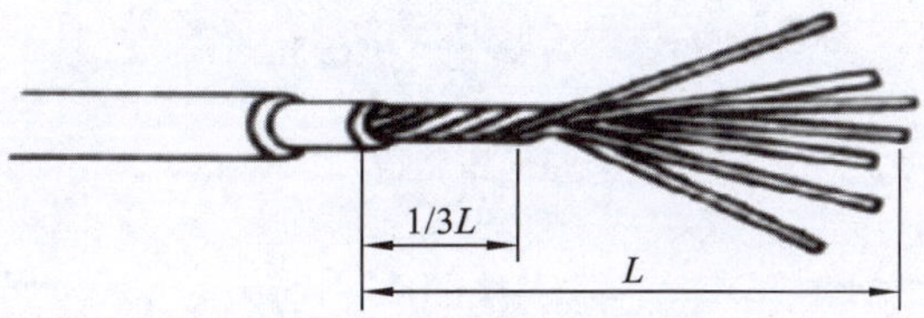

图2-39　步骤(1)～(3)效果

(4) 捏平两端对叉的线头，如图2-40所示；

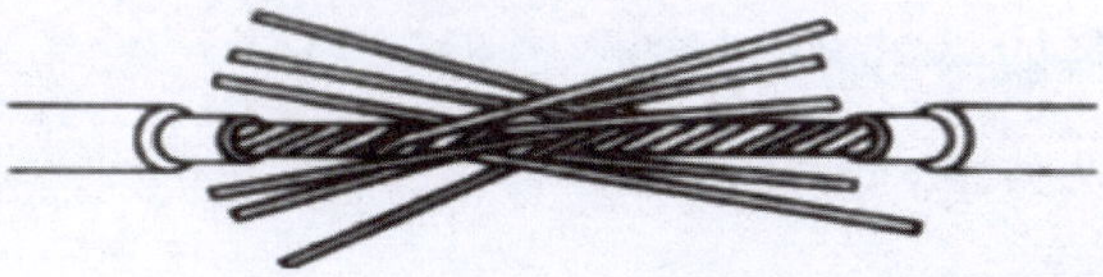

图2-40　步骤(4)效果

(5) 将一端线芯平均分成3组，将第1组扳起垂直于线头，按顺时针方向紧压扳平的线头缠绕2圈，并将余下的线芯与其他线芯沿平行方向扳平，如图2-41所示；

图2-41　步骤(5)效果

(6) 同样，将第2、第3组线芯依次扳成与线芯垂直，然后按顺时针方向紧压扳平的线头缠绕3圈，如图2-42所示；

(7) 将多余的线芯从线芯的根部切除，钳平线端，如图2-43所示；

(8) 使用同样的方法对线芯的另一端进行连接，即完成两根软导线的缠绕式对接，如图2-44所示。

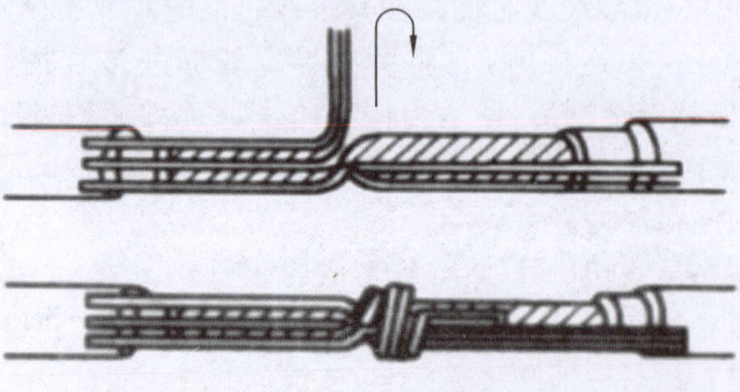

图 2-42　步骤(6)效果

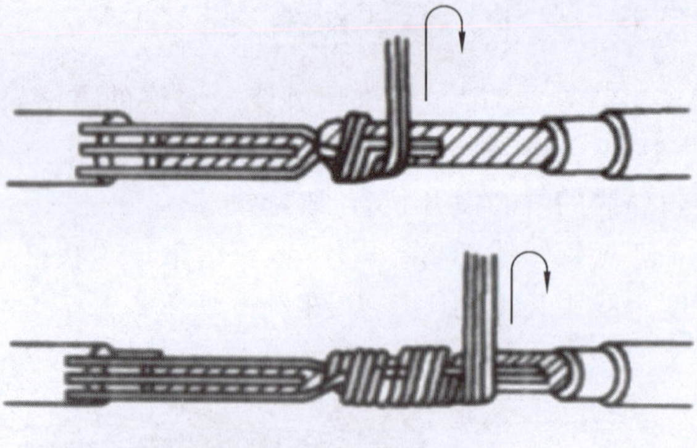

图 2-43　步骤(7)效果

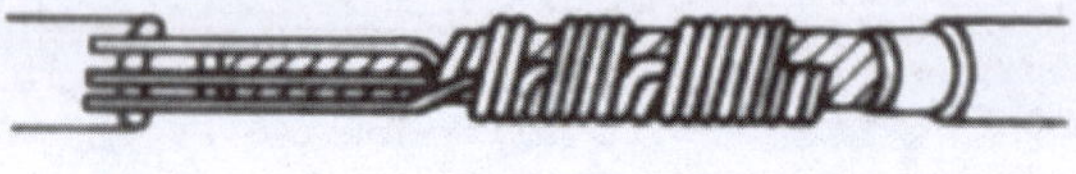

图 2-44　最后效果

2.6.7　两根多股导线的缠绕式 T 形连接

当连接一根支路软导线(多股线芯)与一根主路软导线(多股线芯)时,通常采用缠绕式 T 形连接方法。

(1) 将主路和支路多股导线连接部位的绝缘层去除,将分支芯线散开并拉直,再把紧靠绝缘层 1/8 线段的芯线绞紧,把剩余 7/8 的芯线分成两组,一组 4 根,另一组 3 根,排齐。用旋凿把干线的芯线撬开分为两组,再把支线中 4 根芯线的一组插入干线芯线中间,而把 3 根芯线的一组放在干线芯线的前面,如图 2-45 所示。

(2) 把 3 根线芯的一组在干线右边按顺时针方向紧紧缠绕 3～4 圈,并钳平线端;把 4 根芯线的一组在干线的左边按逆时针方向缠绕 4～5 圈,如图 2-46 所示。

(3) 使用斜口钳剪掉多余的线芯,至此即完成两根多股导线的 T 形连接,如图 2-47 所示。

2.6.8　多股导线的并头绕接

三根及以上导线并头连接时,将连接导线绝缘层并齐合拢,其中绕线线芯剥除绝缘层长度是被缠绕线芯的 3 倍以上,在距离绝缘层约 15 mm 处,将其中的一根线芯缠绕其

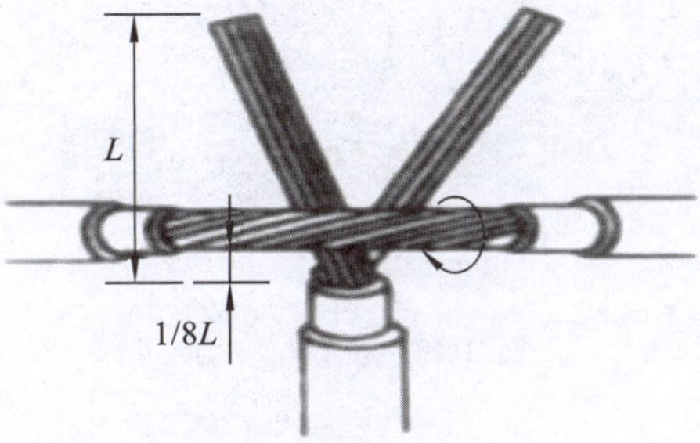

图 2-45　步骤(1)效果

图 2-46　步骤(2)效果

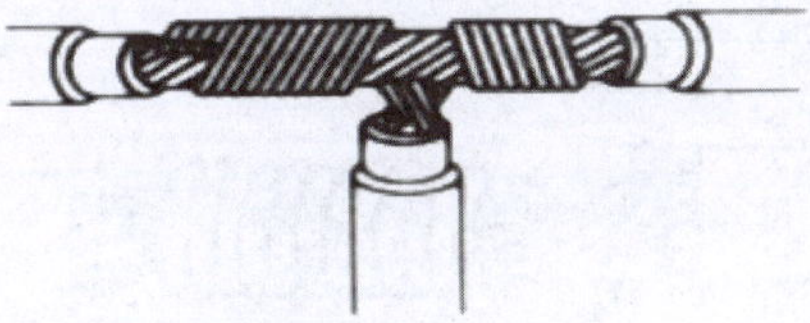

图 2-47　步骤(3)效果

他线芯至少 5 圈后剪断，把其他线芯的余头并齐折回压紧的缠绕线上。

三根导线并头绕接的具体操作步骤如下：

(1) 将三根导线的绝缘层均剥去，并将绝缘层根部对齐；

(2) 用钢丝钳夹住导线切口中间；

(3) 将卷绕线芯搭在被卷绕线芯上(两者之间的夹角为 60°)，然后向下弯曲缠绕被卷线芯；

(4) 卷绕线芯倾斜弯曲 90°，将卷绕线芯再向上弯成约 90°；

(5) 用拇指固定导线，食指内侧卷绕垂直的卷绕线芯，紧密卷绕第 3 根线芯；

(6) 卷绕线芯距离绝缘层部分约 15 mm，将垂直的卷绕线芯一圈接一圈地密绕 5 圈，剪掉多余线芯；

(7) 被卷绕线芯预留约 10 mm，被卷绕线芯的余头并齐折回压紧在缠绕线上。

2.6.9　单股线与多股线的 T 字分支连接

(1) 如图 2-48 所示，在离多股线的左端绝缘层口 3～5 mm 处的芯线上，用螺丝刀把多股芯线分成较均匀的两组。

(2) 如图 2-49 所示，把单股芯线插入多股芯线的两组芯线中间，但单股芯线不可插到底，应使绝缘层切口离多股芯线约 3 mm 的距离，接着用钢丝钳把多股芯线的插缝钳平

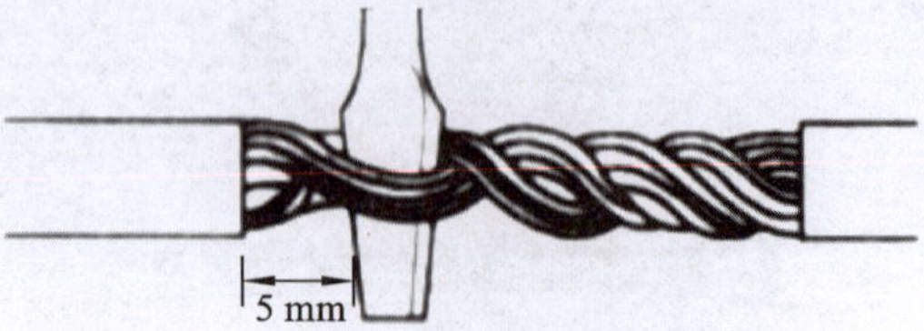

图 2-48　步骤(1)效果

钳紧。

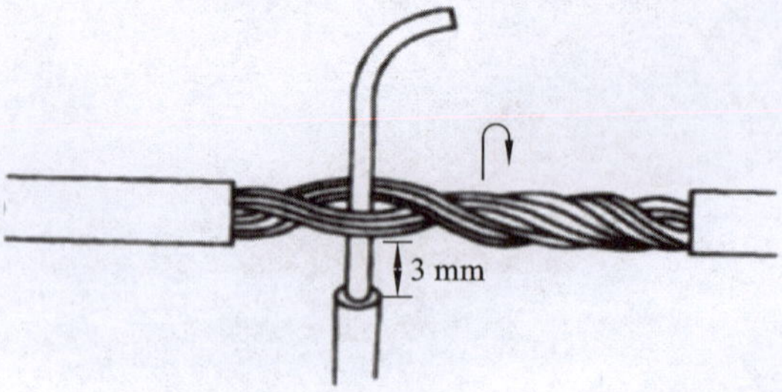

图 2-49　步骤(2)效果

(3) 如图 2-50 所示,把单股芯线按顺时针方向紧缠在多股芯线上,应使圈圈紧挨密排,绕足 10 圈;然后切断余端,钳平切口毛刺。

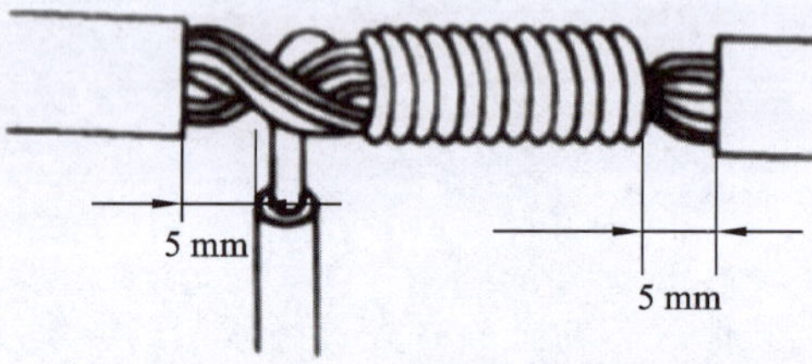

图 2-50　步骤(3)效果

任务 2.7　导线接头的加工

导线加工

在线缆的加工连接中,加工处理线缆连接头是电工操作中十分重要的一项技能。根据线缆类型,导线接头的加工分为塑料硬导线连接头的加工和塑料软导线连接头的加工两种。

2.7.1　塑料硬导线连接头的加工

(1) 用左手握住导线的一端,右手持钢丝钳在距绝缘层 5 mm 处夹紧并弯折;

(2) 使用钢丝钳在距线芯头部 5 mm 处将线芯头部弯折成直角,弯折方向与之前弯折方向相反；

(3) 使用钢丝钳钳住线芯头部弯曲的部分，并朝最初弯曲的方向扭动，使线芯弯曲成圆形；

(4) 将线端与电气设备接线端子连接用螺钉压紧即可，如图 2-51 所示。

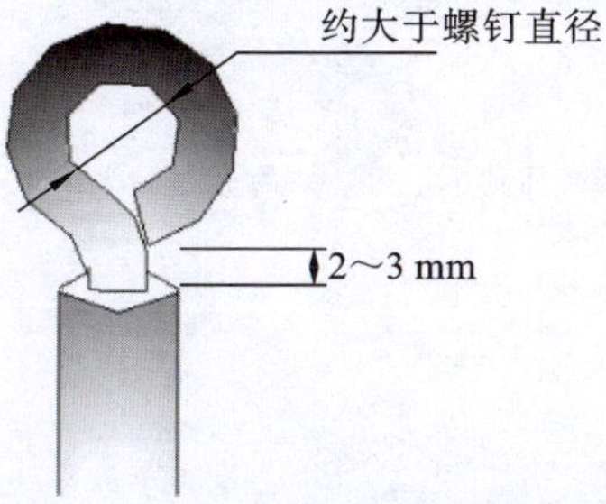

图 2-51　塑料硬导线连接头的加工

塑料硬导线封端操作中，应当注意连接环弯压质量，若尺寸不规范或弯压不规范，则都会影响接线质量。在实际操作过程中，若出现不合规范的封端时，则需要剪掉，重新加工，如图 2-52 所示。

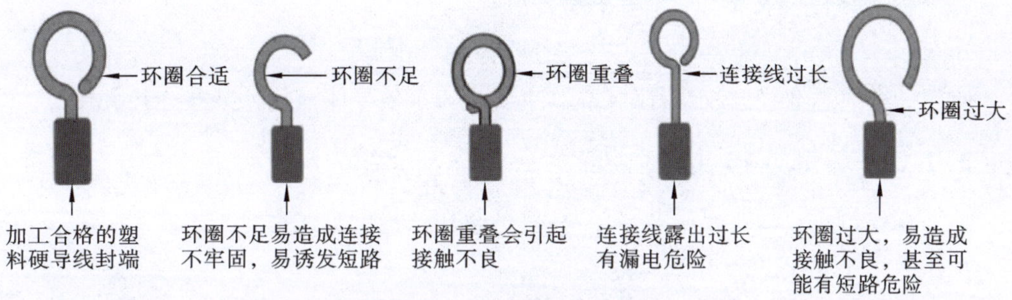

图 2-52　塑料硬导线封装

2.7.2　塑料软导线连接头的加工

塑料软导线在连接使用时，常见的有绞绕式连接头的加工、缠绕式连接头的加工及环形连接头的加工三种形式。

1. 绞绕式连接头的加工

如图 2-53 所示，绞绕式连接头加工是将塑料软导线的线芯采用绞绕式操作，需要用一只手握住线缆绝缘层处，另一只手捻住线芯，向一个方向旋转，使线芯紧固整齐即可完成连接头的加工，如图 2-53 所示。

将塑料软导线绝缘层剥除后，握住导线一端，旋转线芯；旋转线芯至一根整体为止，完成绞绕。

2. 缠绕式连接头的加工

如图 2-54 所示，当塑料软导线插入某些连接孔中时，可能由于多股软线缆的线芯过细，无法插入，所以需要在绞绕的基础上，将其中一根线芯沿一个方向由绝缘层处开始向上缠绕，直至缠绕到顶端，完成缠绕式连接头的加工。

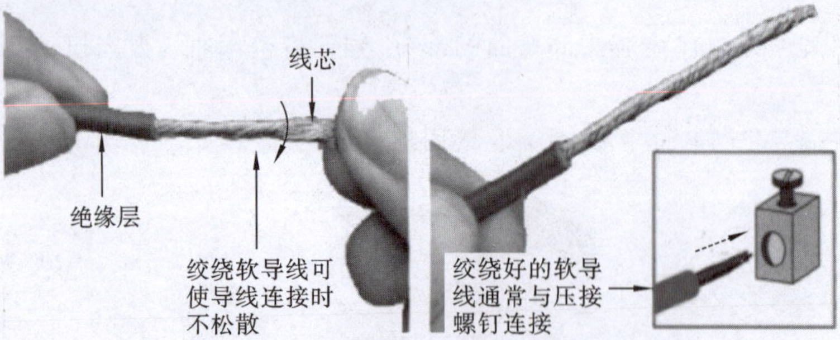

图 2-53　绞绕式连接头的加工

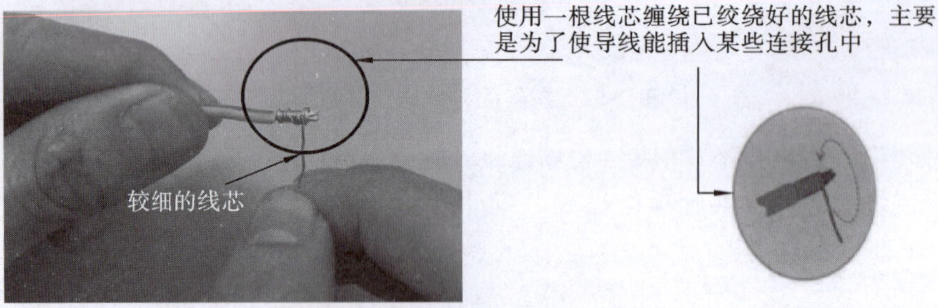

图 2-54　缠绕式连接头的加工

使用一根线芯缠绕已绞绕好的线芯，主要是为了使导线能插入某些连接孔中。

2.7.3　环形连接头的加工

将塑料软导线与柱形接线端子连接时，需将线芯加工为环形。

具体操作步骤如下：

(1) 如图 2-55 所示，先弯制压接圈，把离绝缘层根部约 1/2 处的芯线重新绞紧，越紧越好。

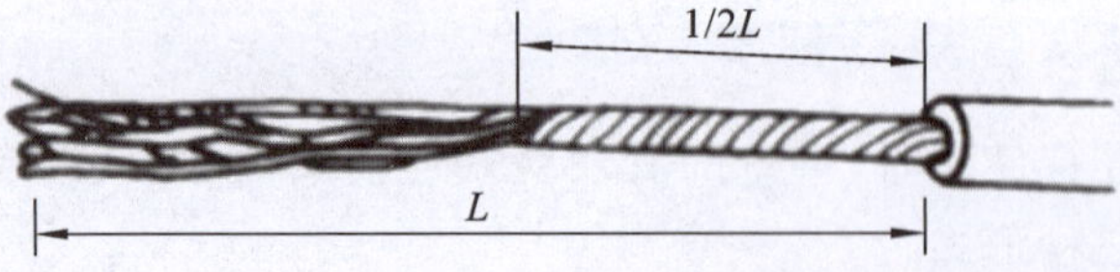

图 2-55　步骤(1)效果

(2) 如图 2-56 所示，绞紧部分的芯线，在离绝缘层根部 1/3 处向左外折角，然后弯曲圆弧。

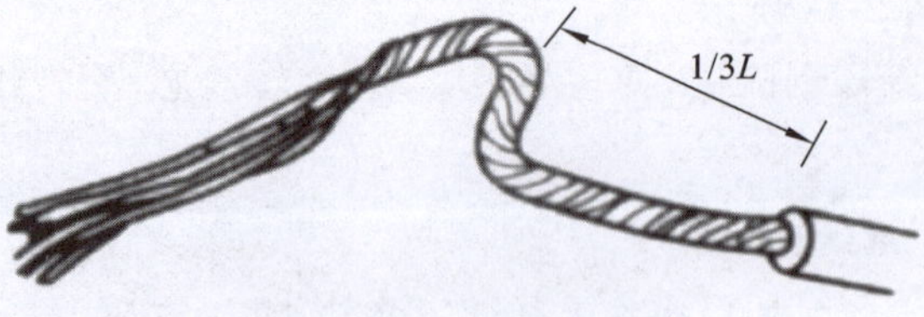

图 2-56　步骤(2)效果

(3) 如图 2-57 所示，当圆弧弯曲得将成圆圈(剩下 1/4)时，应将余下的芯线向右外折角，然后使其成圆形，捏平余下线端，使两端芯线平行。

图 2-57　步骤(3)效果

(4) 如图 2-58 所示，把散开的芯线按 2、2、3 根分成三组，将第一组 2 根芯线扳起，垂直于芯线(要留出垫圈边宽)。

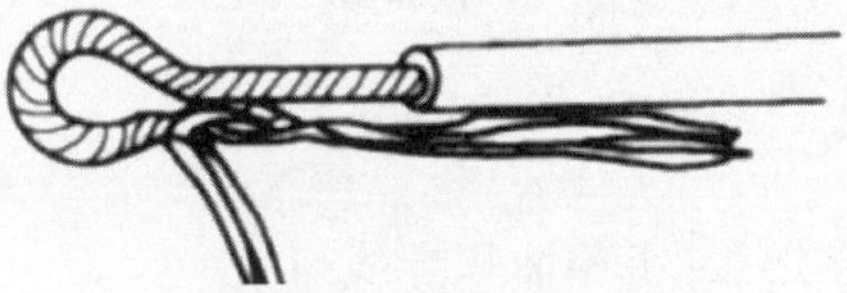

图 2-58　步骤(4)效果

(5) 如图 2-59 所示，对接的自缠法加工。

图 2-59　步骤(5)效果

线缆的连接头除以上几种加工方式外，还有一种是多股线芯与接线螺钉的连接方法，可在多股导线与接线螺钉连接之前，先将线芯与螺钉绞紧，如图 2-60 所示。

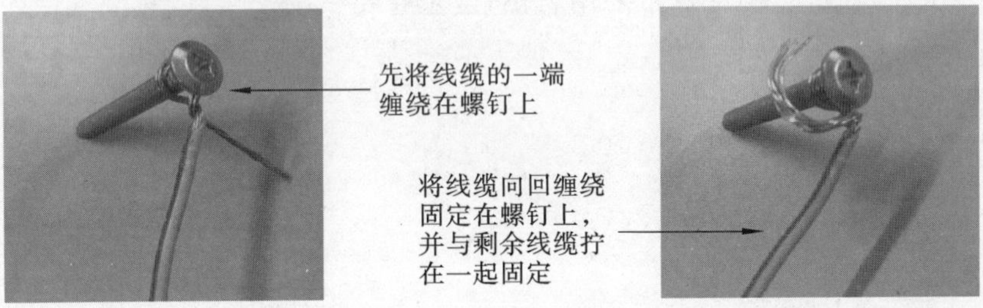

图 2-60　螺钉绞紧效果

操作工单 2-3　导线切割与连接

任务名称	导线切割与连接	姓名		班级	
相关器材	导线若干、尖嘴钳、剥线钳、斜口钳、电工刀、绝缘胶带等				
任务描述	1. 掌握导线切割与连接方法； 2. 掌握连接处的绝缘处理				

1. 绝缘线头的去除方法

(1) 左手握住电线，根据线头所需长短用钢丝钳口切割绝缘层，但不可切入芯线；

(2) 右手握住钢丝钳头部用力向外去除塑料绝缘层，如发现芯线损伤较大应重新剖削。

2. 导线线头的连接

(1) 单股铜芯导线直接连接(小截面积导线)；

(2) 单股铜芯导线 T 字分支连接(小截面积导线)；

(3) 单股铜导线的十字分支连接；

(4) 多股铜导线的直接连接；

(5) 多股铜导线的 T 字分支连接；

(6) 单股铜导线与多股铜导线的连接。

3. 导线连接处的绝缘处理

导线连接处的绝缘处理通常采用绝缘胶带进行缠裹包扎。一般电工常用的绝缘带有黄蜡带、涤纶薄膜带、黑胶布带、塑料胶带、橡胶胶带等。

具体操作步骤为：从导线左端开始包缠，同时绝缘带与导线应保持一定的倾斜角，每圈的包扎要压住导线，包缠绝缘带要用力拉紧，包卷要粘结密实，以免潮气侵入。

项目三　认识常用低压电器

项目描述

低压电器作为低压电路的基础元器件，广泛应用于生活和生产中，工厂、商场、住宅等配电系统中，均存在低压电器。你知道哪些元器件是低压电器吗？它们的结构和工作原理是什么？

项目目标

知识目标：

掌握常用低压电器的结构、文字符号及功能；

掌握常见低压电器的工作原理；

掌握常见低压电器使用注意事项。

能力目标：

能够识别常用低压电器，合理选用低压电器；

掌握常见低压电器的接线方法；

能够判断简单的低压电器故障。

素质目标：

作业干净利落，养成良好的职业行为；

培养学习兴趣；

培养自学能力和创新能力。

游弋——小电工到大工匠

河南省永煤集团车集煤矿机电一队主副井电工班班长游弋，从"游弋"到"游大师"，游弋用了整整18年。18年间，游弋从一个对于机电一窍不通的门外汉，成长为今天拥有17项国家专利、70余项科技创新成果、为企业创造经济效益3000余万元的技能大师。凭着好学、爱琢磨、要干就干好，专心、专注、乐观的性格，游弋在创新之路上越走越远。谈及创新，游弋说："创新只有起点，没有终点，只有更好，没有最好"。

任务 3.1　认识熔断器

熔断器

熔断器俗称保险丝或保险管，在用电设备和线路中用作短路保护，是一种保护电器。熔断器串联在线路中，当线路或用电设备发生短路故障时，熔断器的熔体发热升温后迅速熔断，使用电设备与电源断开，起到保护作用。

熔断器在电路中的图形及文字符号如图 3-1 所示。常见的熔断器有瓷插式熔断器(RC)、螺旋式熔断器(RL)、无填料封闭管式熔断器(RM)、有填料封闭管式熔断器(RT)、快速熔断器(RS)、自复式熔断器(RZ)。下面详细介绍瓷插式熔断器、螺旋式熔断器和管式熔断器。

1. 瓷插式熔断器

图 3-1　熔断器符号

瓷插式熔断器价格便宜，更换方便，广泛用于照明和小容量电动机的断路保护。瓷插式熔断器是由瓷盖、瓷底、动触点、静触点及熔丝五部分组成的，常用的 RC1A 系列瓷插式熔断器的外形及结构如图 3-2 所示。

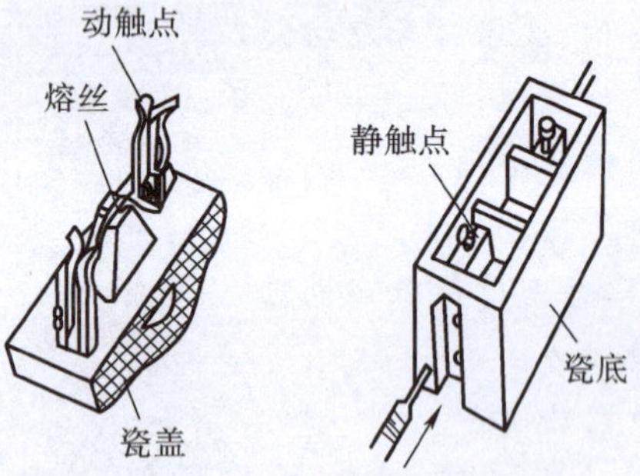

图 3-2　瓷插式熔断器

2. 螺旋式熔断器

螺旋式熔断器的作用与瓷插式熔断器的相同，用于电气设备的过载及短路保护。螺旋式熔断器分断能力较强，结构紧凑，体积小，安装面积小，更换熔体方便，工作安全可靠，因此广泛用于控制箱、配电屏、机床设备及振动较大的场合，在交流额定电压 500 V、额定电流 200 A 及以下的电路中，作为短路保护器件。常见的螺旋式熔断器结构如图3-3所示。

3. 管式熔断器

管式熔断器分为无填料封闭管式熔断器和有填料封闭管式熔断器两种。

无填料封闭管式熔断器是由一个熔断管(即纤维管)、两个插座和一片或两片熔片组成的。熔断器的熔片是带有一个或几个窄截面的锌质薄片，它装在熔断管里，并通过熔断管的帽子与插座接触，形成电流通路，其结构如图 3-4 所示。

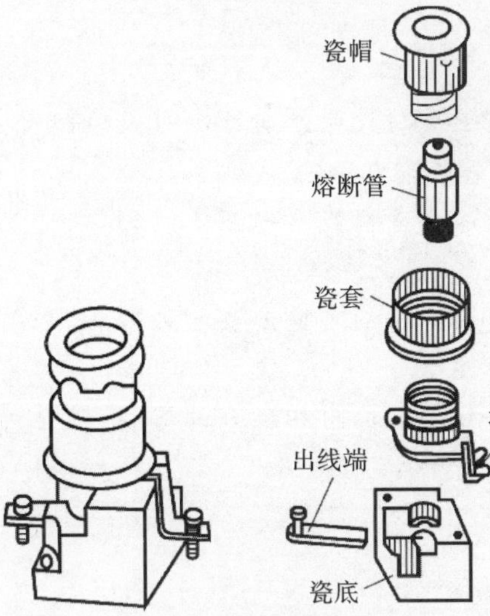

图 3-3　螺旋式熔断器

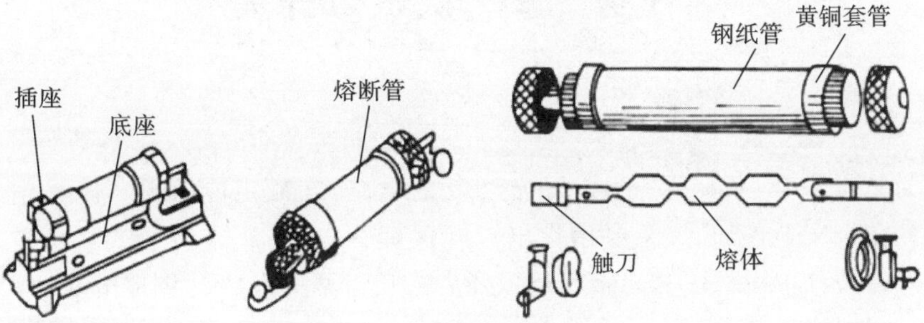

图 3-4　无填料封闭管式熔断器

有填料封闭管式熔断器主要是由管体、指示器、石英砂填料和熔体组成的。它的管体由滑石陶瓷制成,管体外表做成波浪形,既增加了表面的散热面积,又比较美观,管体内圆两端各有四个螺孔,以便用螺丝将盖板装在管体上,其结构如图 3-5 所示。

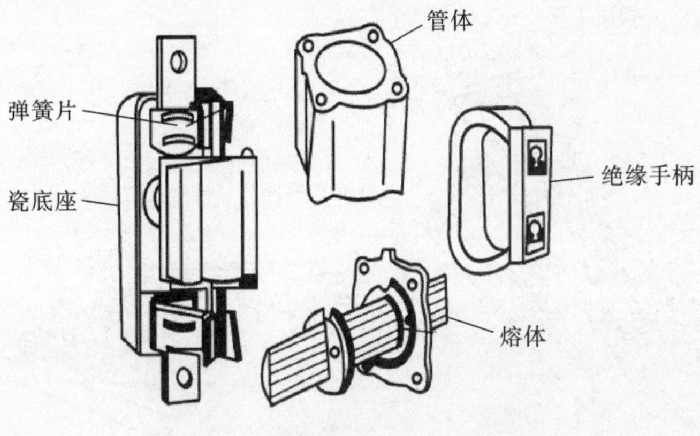

图 3-5　有填料封闭管式熔断器

注意事项

(1) 熔断器的保护特性应与被保护对象的过载特性相适应，考虑到可能出现的短路电流，应选用相应分断能力的熔断器。

(2) 熔断器的额定电压要适应线路电压等级，熔断器的额定电流要大于或等于熔体额定电流。

(3) 线路中各级熔断器熔体额定电流要相应配合，保持前一级熔体额定电流必须大于下一级熔体额定电流。

(4) 熔断器的熔体要按要求使用相配合的熔体，不允许随意加大熔体或用其他导体代替熔体。

任务3.2　认识刀开关

刀开关

刀开关又叫闸刀，一般用于不需经常切断的电路，在额定电压下其工作电流不能超过额定值。在机床上，刀开关主要用作电源开关，它一般不用来接通或切断电动机的工作电流。刀开关分单极(HD)、双极(HS)、开启式负荷开关(HK)、倒顺开关(HY)等普通刀开关和熔断器式刀开关。

1. 普通刀开关

普通刀开关是由闸刀、熔丝、接线座、胶盖和陶瓷底座等组成的，其结构如图3-6所示。胶盖的作用是防止操作人员触及带电部分，防止电弧飞出胶盖外灼伤操作人员，防止金属件掉落在闸刀上发生短路，以及隔开各极，避免发生飞弧短路。

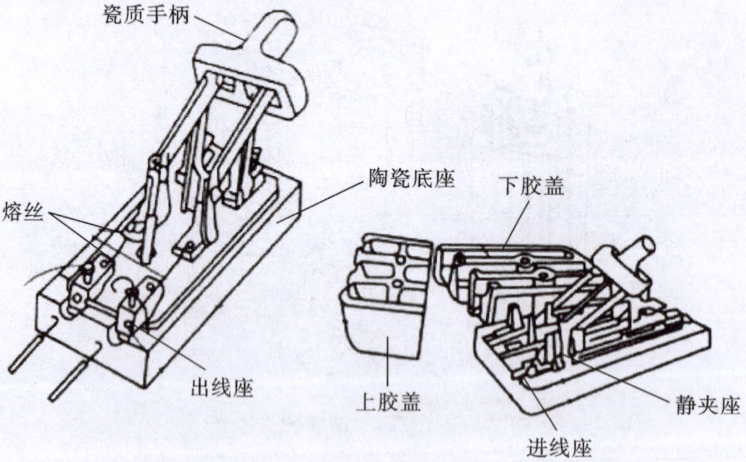

图3-6　普通刀开关结构

刀开关的图形及文字符号如图 3-7 所示。

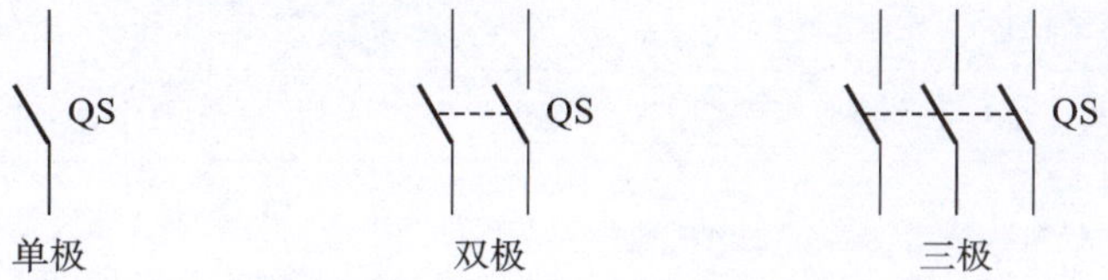

图 3-7　刀开关图形及文字符号

2. 熔断器式刀开关

熔断器式刀开关也叫刀熔开关，是一种组合电器，兼具熔断器和刀开关这两种电器的作用，其结构如图 3-8 所示。合闸时，闸刀通过传动连杆将熔断器接触到弹性插座上使电路畅通。断电时，闸刀通过传动连杆将熔断器与弹性插座分离，使电路断开。刀熔开关主要优点是将闸刀和熔断器结合成一体，结构更简单化，节省空间。其作用就是通断低压动力电。

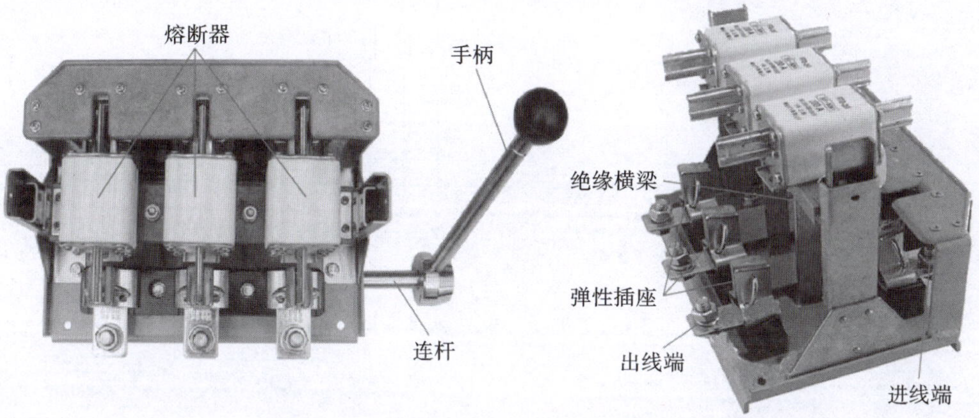

图 3-8　熔断器式刀开关结构

注意事项

（1）选用胶盖闸刀开关，如果电路中负载为普通负载，则闸刀额定电流不小于负载额定电流；若负载为电动机，则闸刀额定电流应不小于 3 倍电动机额定电流。

（2）刀开关所配用熔断器和熔体的额定电流不得大于开关的额定电流。

（3）安装刀开关时，应将刀开关竖直安装在开关板上，从而避免触刀等运动部件因铰链支座等固定部件松动，发生误合闸。

操作工单 3-1　刀开关控制三相异步电动机

任务名称	刀开关控制三相异步电动机	姓名		班级	
相关器材	刀开关 1 个，熔断器 3 个，笼型三相异步电动机 1 台，螺丝刀 1 把，导线若干				
任务描述	1. 按照要求连接电路； 2. 闭合刀开关，电动机正常工作				

（1）按图 3-9 所示连接电路，其中，QS 为刀开关，M 为笼型三相异步电动机，FU 为熔断器。当闭合刀开关 QS 时，三相交流电源与电动机接通，电动机开始旋转。当断开刀开关 QS 时，电动机停止旋转。

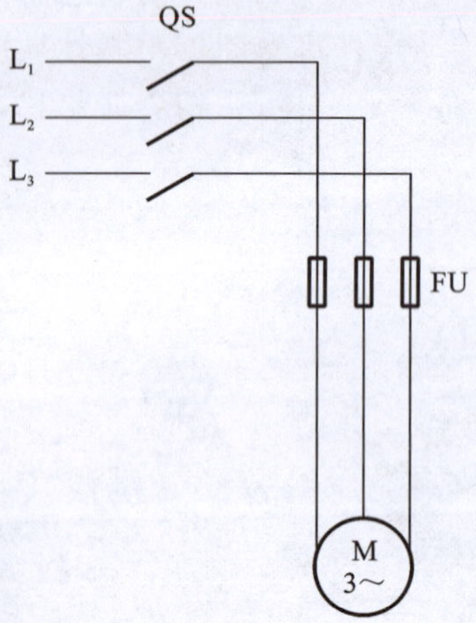

图 3-9　刀开关控制三相异步电动机

（2）简述刀开关控制注意事项。

任务 3.3　认识组合开关

组合开关又称转换开关，在低压控制电路中，常被作为电源引入的开关，可以直接启动或停止小功率电动机或使电动机正反转等。局部照明电路也常用它来控制。其结构如图 3-10 所示。

组合开关

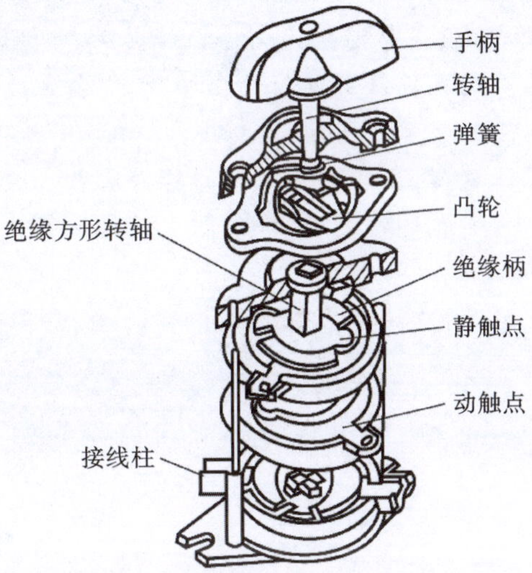

图 3-10　组合开关结构

组合开关的图形及文字符号如图 3-11 所示。

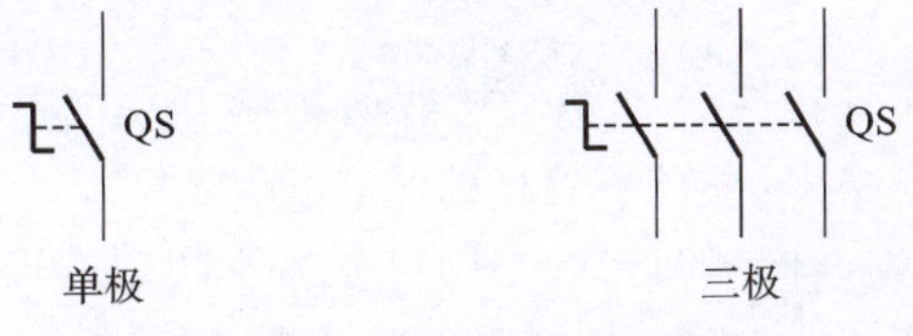

图 3-11　组合开关的图形及文字符号

组合开关是由动触点(动触片)、静触点(静触片)、转轴、手柄、定位机构及外壳等部分组成的。其动触点、静触点分别叠装于数层绝缘垫板之间，各自附有连接线路的接线柱。当转动手柄时，每层的动触点随方形转轴一起转动，从而实现对电路的接通、断开控制。

在组合开关的内部有 3 对静触点，分别用 3 层绝缘板相隔，各自附有连接线路的接线柱，3 个动触点互相绝缘，与各自的静触点对应，套在共同的绝缘杆柄上，绝缘杆柄的一端装有操作手柄，手柄每次转动 90°，即可完成 3 组触点之间的开合或切换。开关内装有速断弹簧，用以加速开关的分断速度。

注意事项

(1) 组合开关应根据用电设备的电压等级、容量和所需触点数进行选用。组合开关用于一般照明、电热电路时，其额定电流应等于或大于被控制电路中各负载电流的总和；组合开关用于控制电动机时，其额定电流一般取电动机额定电流的1.5～2.5倍。

(2) 组合开关接线方式很多，应能够根据需要，正确地选择相应规格的产品。

(3) 组合开关本身是不带过载保护和短路保护的。如果需要这类保护，则必须另设其他保护电器。

(4) 由于组合开关的通断能力较低，故不能用来分断故障电流。当用于控制电动机作可逆运转时，必须在电动机完全停止转动后，才允许反向接通。

(5) 当操作频率过高或负载功率因数较低时，组合开关要降低容量使用，否则会影响开关寿命。

(6) 在使用时应注意，组合开关每小时的转换次数一般不超过15～20次。

(7) 经常检查开关固定螺钉是否松动，以免引起导线压接松动，造成外部连接点放电、打火、烧蚀或断路。

(8) 检修组合开关时，应注意检查开关内部的动、静触片接触情况，以免造成内部接点起弧烧蚀。

任务3.4　认识按钮

按钮是一种手动操作且具有储能复位功能的控制开关电器。按钮常用在短时间接通或断开小电流的控制电路中，对设备进行控制。

按钮开关

按钮的种类很多，根据其内部结构的不同可分为不闭锁的按钮开关和可闭锁的按钮开关。常见的按钮结构如图3-12所示，主要由按钮帽、复位弹簧、动触点和静触点组成。

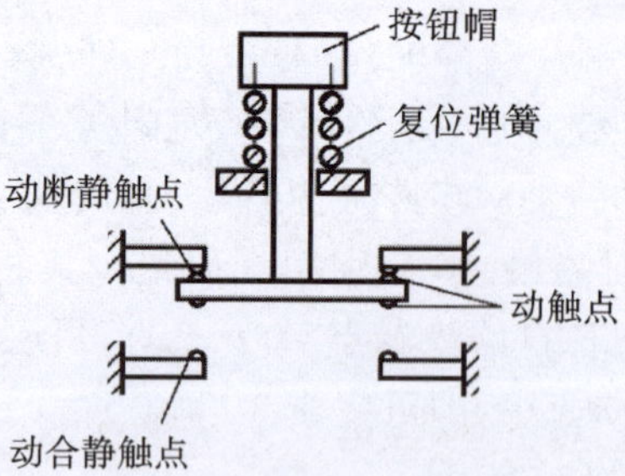

图3-12　按钮结构

按钮的图形及文字符号如图3-13所示。

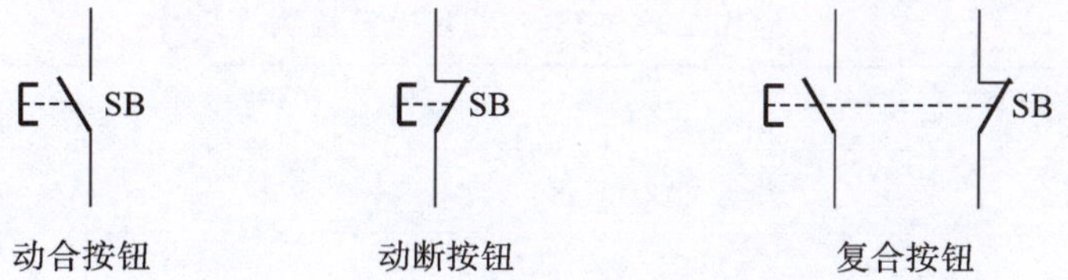

图 3-13　组合开关的图形及文字符号

不论是自锁和自复位按钮开关，根据电路需要，都可分为常开(动合)、常闭(动断)和复合三种形式。常开(NO)表示默认状态触点断开，按下时触点闭合。常闭(NC)与常开相反，在默认状态下一直闭合，按下时触点断开。

按钮开关常见接线方法如图 3-14 所示。

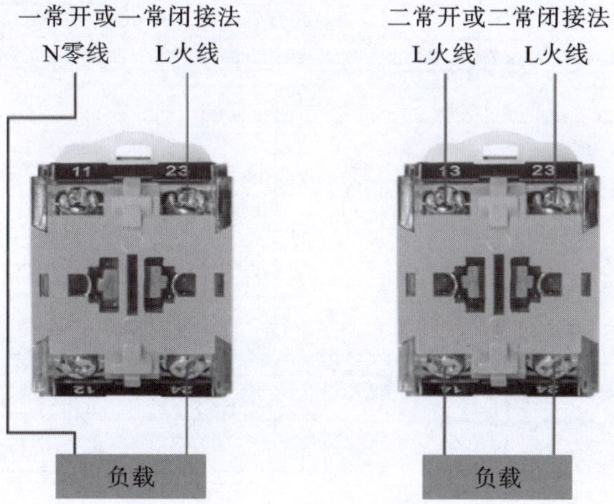

图 3-14　按钮开关接线方法

注意事项

(1) 将按钮安装在面板上时，应布置整齐，排列合理。根据用电器启动的先后次序，从上到下或从左到右排列。

(2) 按钮的安装固定应牢固，接线应可靠。红色按钮表示停止，绿色或黑色按钮表示启动或通电，不要混用。

(3) 按钮触点间距离较小，如有油污等容易发生短路故障，使用时要保持触点的清洁。

(4) 对于机床上的按钮，安装按钮的按钮板和按钮盒必须是金属的，并设法使它们与机床总接地母线相连接，对于悬挂式按钮必须设有专用接地线，不得借用金属管作为地线。

(5) 按钮用于高温场合时，易使塑料变形老化而导致松动，引起接线螺钉间相碰短路，可在接线螺钉处加套绝缘塑料管来防止短路。

(6) 带指示灯的按钮因灯泡发热，长期使用易使塑料灯罩变形，应降低灯泡电压，延长使用寿命。

(7) "停止"按钮必须是红色；"急停"按钮必须是红色蘑菇头式；"启动"按钮必须有防护挡圈，防护挡圈应高于按钮头，以防意外触动使电气设备误动作。

操作工单 3-2　按钮拆装及检测

任务名称	按钮拆装及检测	姓名		班级	
相关器材	按钮 1 个，数字式万用表 1 块				
任务描述	1. 拆装按钮； 2. 掌握按钮常开和常闭触点检测				

（1）把按钮拆开，观察内部结构，将主要结构填入表 3-1 中，然后将按钮组装还原。

表 3-1　按钮主要零部件

型号	额定电流	主要零部件	
		名称	作用
触点数量			
动合	动断		

（2）利用万用表确定按钮常开和常闭触点。

任务 3.5　认识低压断路器

低压断路器又叫自动空气开关或自动空气断路器，简称断路器。它是一种既有手动开关作用，又能自动进行失压、欠压、过载和短路保护的电器。它可用来分配电能，启动异步电动机（无需频繁启动情况下），对电源线路及电动机等实行保护。当它们发生严重的过载或者短路及欠压等故障时，能自动切断电路，此时低压断路器实现的功能相当于熔断式开关与热继电器等元器件组合所实现的功能。而且在分断故障电流后一般不需要变更零部件，已获得了广泛的应用。

低压断路器

低压断路器主要是由触点、各种脱扣器、灭弧装置、按钮、传动杆、弹簧等组成的，其结构如图 3-15 所示。

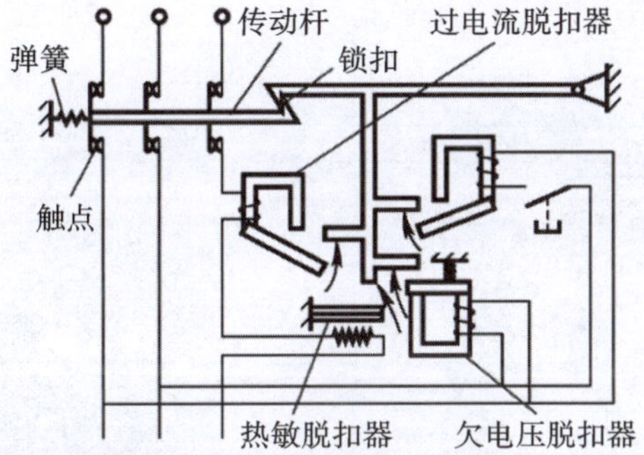

图 3-15　低压断路器内部结构

低压断路器的图形及文字符号如图 3-16 所示。

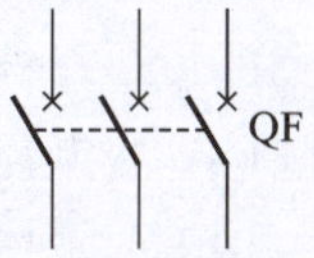

图 3-16　低压断路器图形及文字符号

低压断路器工作原理是，通过手动或电动的方式对主触点进行操作，在闭合之后自由脱扣器会把主触点锁定在合闸的位置上，同时塑壳断路器会在过电流保护装置的线圈与热敏脱扣器的热元件之间形成串联电路，这时欠压脱扣器的线圈会和电源形成并联。当发生了短路与过载时，过电流保护装置的衔铁自动吸合，促使自由脱扣器执行动作主触头与主电路实现断开。

低压断路器过载保护工作原理是，当电路出现了过载故障时，热敏脱扣器中的元件持续发热使双金属片发生一定弧度上弯曲，从而推动了自由脱扣器的动作。而分励脱扣器则是当作远程距离的控制之用，在稳定运行过程中它的线圈处于断电状态，要是需要远距离控制时，按下启动按钮就能让线圈通电，衔铁带动自由脱扣器执行动作让主触点断开。

单极（1P）和双极（2P）低压断路器的接线方式如图 3-17 所示。

1P：单极断路器在线路中单独控制火线的通断；

2P：双极断路器在线路中可以同时控制火线和零线的通断，没有零线标识时，左火右

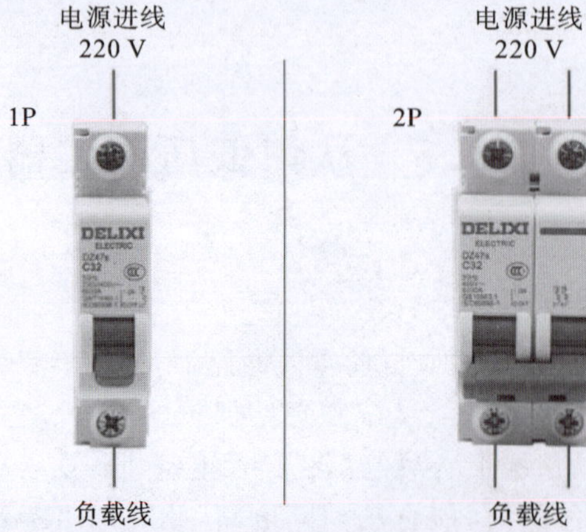

图 3-17　低压断路器 1P 和 2P 接线

零，或者左零右火都可以。

三极(3P)和四极(4P)低压断路器的接线方式如图 3-18 所示。

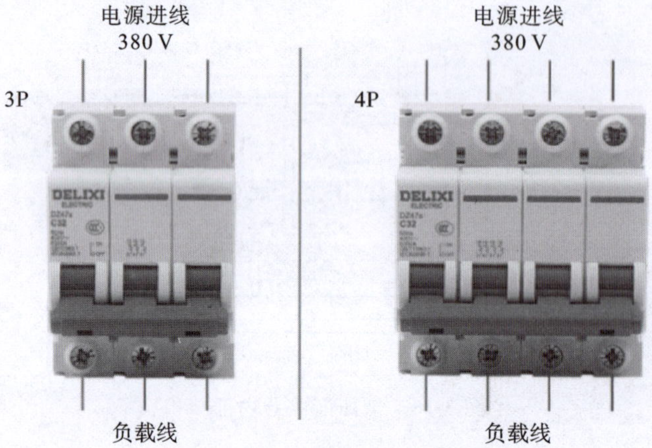

图 3-18　低压断路器 3P 和 4P 接线

3P：三极断路器在线路中可以同时控制三相 380 V 三相火线。

4P：四极断路器在线路中可以同时控制三相 380 V 三相火线和一组零线。

注意事项

(1) 安装低压断路器时应注意把来自电源的母线接到开关灭弧罩一侧的端子上，来自电气设备的母线接到另外一侧的端子上。

(2) 低压断路器投入使用时应先进行整定，按照要求整定热敏脱扣器的动作电流，以后就不应随意旋动有关的螺丝和弹簧。

(3) 发生断路、短路事故后，应立即对触点进行清理，检查有无熔坏，清除金属熔粒、粉尘等，特别要把散落在绝缘体上的金属粉尘清除干净。

(4) 在正常情况下，每 6 个月应对开关进行一次检修，清除灰尘。

操作工单 3-3　低压断路器拆装及接线

<table>
<tr><td>任务名称</td><td>低压断路器拆装及接线</td><td>姓名</td><td></td><td>班级</td><td></td></tr>
<tr><td>相关器材</td><td colspan="5">双极和三极低压断路器各 1 个，螺丝刀 1 把，导线若干</td></tr>
<tr><td>任务描述</td><td colspan="5">1. 拆卸低压断路器，查看内部结构，找到相对应的零部件并了解其名称；
2. 低压断路器接线</td></tr>
</table>

（1）拆卸低压断路器，将得到的零部件与图 3-15 所示的结构一一对应，然后将对应结构名称填入表 3-2 中。

表 3-2　低压断路器主要结构

<table>
<tr><td>型号</td><td>额定电流</td><td colspan="2">主要零部件</td></tr>
<tr><td></td><td></td><td>名称</td><td>作用</td></tr>
<tr><td colspan="2">触点数量</td><td></td><td></td></tr>
<tr><td>动合</td><td>动断</td><td></td><td></td></tr>
<tr><td></td><td></td><td></td><td></td></tr>
<tr><td colspan="2" rowspan="4"></td><td></td><td></td></tr>
<tr><td></td><td></td></tr>
<tr><td></td><td></td></tr>
<tr><td></td><td></td></tr>
</table>

（2）按图 3-18 所示的接线方式对低压断路器进行接线（注意：火线用红色或者棕色导线，零线用蓝色导线）。

（3）简述低压断路器如何进行失压、欠压、过载和短路保护。

任务 3.6 认识继电器

继电器

继电器是具有隔离功能的自动开关元件，广泛应用于遥控、遥测、通信、自动控制、机电一体化及电力电子设备中，是最重要的控制元器件之一。

继电器一般都有能反映一定输入变量（如电流、电压、功率、阻抗、频率、温度、压力、速度等）的感应机构（输入部分）；有能对被控电路实现“通”“断”控制的执行机构（输出部分）；在继电器的输入部分和输出部分之间，还有对输入量进行耦合隔离、功能处理和对输出部分进行驱动的中间机构（驱动部分）。

常用的继电器有热继电器、时间继电器、速度继电器、电压继电器、电流继电器、中间继电器等，下面详细介绍热继电器、时间继电器、速度继电器。

1. 热继电器

热继电器作为电动机的过载保护元件，以其体积小、结构简单、成本低等优点在生产中得到了广泛应用。热继电器的结构如图 3-19 所示。

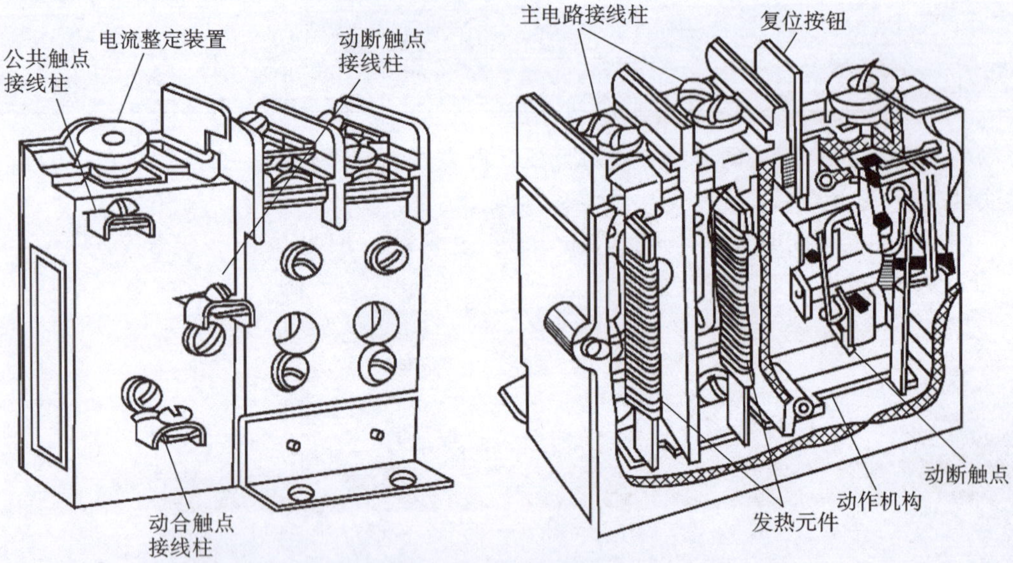

图 3-19　热继电器结构

热继电器是由发热元件、双金属片、触点及一套传动和调整机构组成的。发热元件是一段阻值不大的电阻丝，串接在被保护电动机的主电路中。双金属片由两种不同热膨胀系数的金属片辗压而成。当电动机过载时，通过发热元件的电流超过整定电流，双金属片受热向上弯曲脱离扣板，使常闭触点断开。由于常闭触点是接在电动机的控制电路中的，它的断开会使得与其相接的接触器线圈断电，从而接触器主触点断开，电动机的主电路断电，实现了过载保护。热继电器动作后，双金属片经过一段时间冷却，按下复位按钮即可复位。

热继电器的图形及文字符号如图 3-20 所示。

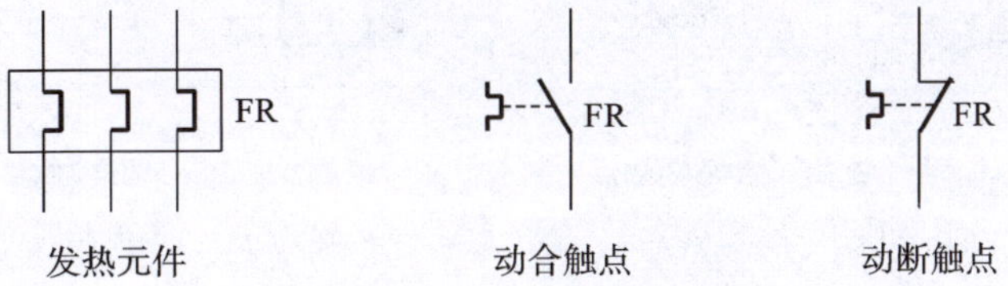

图 3-20　热继电器图形及文字符号

2. 时间继电器

时间继电器也叫延时继电器，主要用于实现触点电路的延时接通或断开。时间继电器的种类很多，常用的有电磁式、空气式、电动式、电子式等类型。不同类型的时间继电器，其延时时间的设定方式和控制精度也不相同。在交流电路中经常采用的是空气式时间继电器。

空气式时间继电器是利用空气阻尼原理获得延时的，它由电磁系统、延时机构和触点系统三部分组成，如图 3-21 所示。电磁系统采用直动式双 E 形铁芯；延时机构采用气囊式阻尼器，通过调节螺钉调节进气孔的大小，来调节延时时间；触点系统采用微动开关。

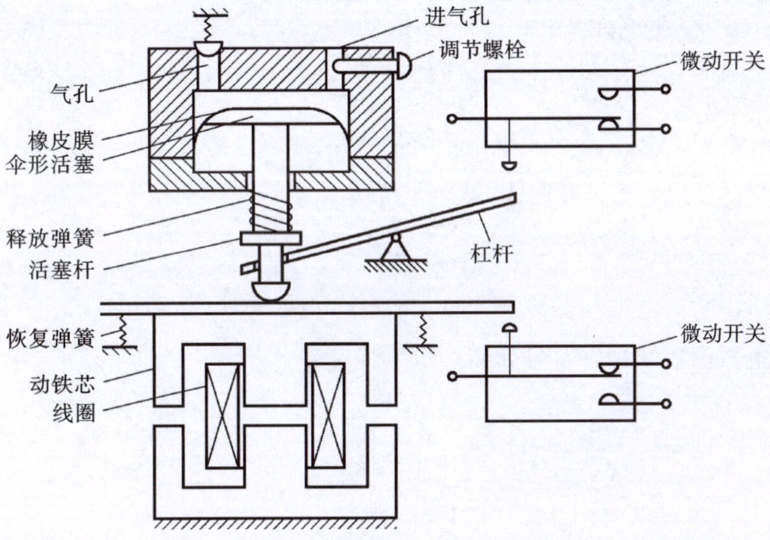

图 3-21　时间继电器结构

时间继电器的延时方式有通电延时和断电延时两种。通电延时和断电延时继电器图形及文字符号如图 3-22 所示。

时间继电器一般同时具有延时触点和瞬时触点。对于通电延时继电器，其线圈通电后，瞬时触点立即动作，延时触点在延时计时结束后动作；线圈断电后，延时触点与瞬时触点均立即复位。对于断电延时继电器，其线圈通电后，延时触点和瞬时触点立即动作；线圈断电后，瞬时触点立即复位，延时触点在延时计时结束后复位。

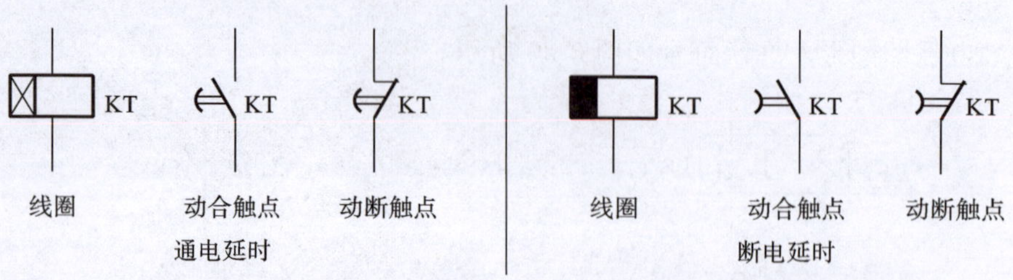

图 3-22　时间继电器图形及文字符号

3. 速度继电器

速度继电器是利用转轴的一定转速来切换电路的自动电器，它主要用于笼型三相异步电动机的反接制动电路中。图 3-23 所示的为速度继电器的结构，它主要由转子、定子和触点等组成。

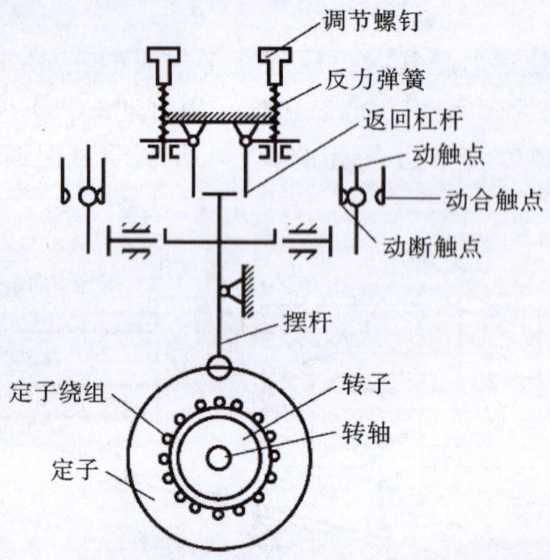

图 3-23　速度继电器结构

速度继电器图形及文字符号如图 3-24 所示。

图 3-24　速度继电器图形及文字符号

速度继电器与电动机同轴相连，当电动机旋转时，速度继电器的转子随之转动，在空间产生旋转磁场，切割定子绕组，在定子绕组中产生感应电流。此电流又在旋转磁场作用下产生转矩，使定子沿转子的转动方向偏转，和定子装在一起的摆杆也随之摆动，从而推动动触点动作，使动合触点闭合，动断触点断开。当电动机转速下降到一定数值时，转矩减小，各触点复位。常用的速度继电器有 JY1 型和 JFZ0 型两种。

注意事项

(1) 电动机的容量和电压是选择热继电器的重要参数依据。

(2) 长期稳定工作的电动机可按电动机的额定电流选用热继电器。取热继电器整定电流的0.95～1.05倍或中间值为电动机额定电流。使用时要将热继电器的整定电流调至电动机的额定电流。

(3) 电动机的绝缘等级及结构由于电动机绝缘等级不同,其允许温升和承受过载的能力也不同。同样条件下,绝缘等级越高,过载能力就越强。即使所用绝缘材料相同,但电动机结构不同,在选用热继电器时也应有所差异。例如,封闭式电动机散热比开启式电动机的差,其过载能力比开启式电动机的低,热继电器的整定电流应选为电动机额定电流的60%～80%。

(4) 电动机的启动电流和启动时间。电动机的启动电流一般为额定电流的5～7倍。对于不频繁启动、连续运行的电动机,在启动时间不超过6 s的情况下,可按电动机的额定电流选用热继电器。如果负载惯性大、启动时间长,则所选用热继电器的整定电流应比电动机额定电流稍高,才能提供正确保护。如果出厂的整定电流与选用值有差距,则可用调节凸轮调到合适值。

(5) 若用热继电器作电动机缺相保护,则应考虑电动机的接法。对于Y形接法的电动机,当某相断线时,其余未断相绕组的电流与流过热继电器电流的增加比例相同。一般的三相式热继电器,只要整定电流调节合理,是可以对Y形接法的电动机实现断相保护的。对于Δ形接法的电动机,某相断线时,流过未断相绕组的电流与流过热继电器的电流增加比例则不同。即流过热继电器的电流不能反映断相后绕组的过载电流,因此,一般的热继电器即使是三相式,也不能为Δ形接法的三相异步电动机的断相运行提供充分保护。此时,应选用JR20型或T系列这类带有差动断相保护机构的热继电器。

(6) 具体工作情况。

若要求电动机不允许随便停机,以免遭受经济损失,则只有发生过载事故时,方可考虑让热继电器脱扣。此时,选取热继电器的整定电流应比电动机额定电流偏大一些。

我国目前生产的热继电器,基本上只适用于对不频繁启动、轻载启动的电动机进行过载保护。对于正、反转频繁转换以及频繁通断的电动机,如起重用电动机,则不宜采用热继电器作过载保护。选用热继电器时必须注意这一点。

操作工单 3-4　热继电器拆装

任务名称	热继电器拆装	姓名		班级	
相关器材	热继电器 1 个，螺丝刀 1 把，导线若干				
任务描述	拆卸热继电器，查看内部结构，找到相对应的零部件并了解其名称。				

（1）拆卸热继电器，将得到的零部件与图 3-19 所示的结构一一对应，然后将对应结构填入表 3-3 中。

表 3-3　热继电器主要结构

<table>
<tr><td>型号</td><td>额定电流</td><td colspan="2">主要零部件</td></tr>
<tr><td></td><td></td><td>名称</td><td>作用</td></tr>
<tr><td colspan="2">触点数量</td><td></td><td></td></tr>
<tr><td>动合</td><td>动断</td><td></td><td></td></tr>
<tr><td></td><td></td><td></td><td></td></tr>
<tr><td colspan="2" rowspan="4"></td><td></td><td></td></tr>
<tr><td></td><td></td></tr>
<tr><td></td><td></td></tr>
<tr><td></td><td></td></tr>
</table>

（2）简述热继电器是如何进行过载保护的。

任务 3.7　认识交流接触器

交流接触器可快速切断交流电路，并可频繁地接通和分断大电流控制电路。它不仅能接通和分断电路，还具有低电压保护功能。

交流接触器

交流接触器主要是由电磁机构、主触点和灭弧系统、辅助触点、反力装置、支架和底座五部分组成的，如图 3-25 所示。

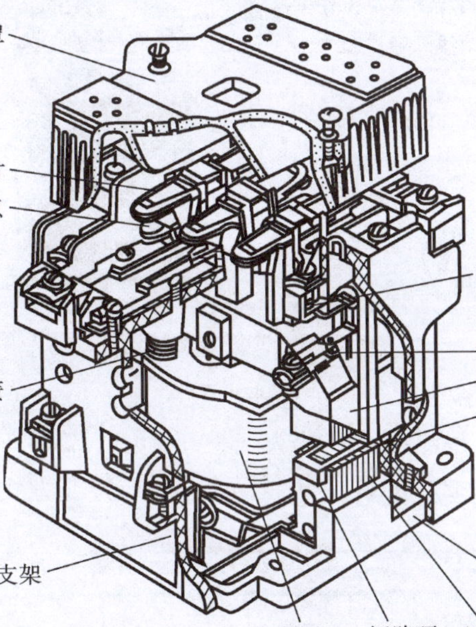

图 3-25　交流接触器结构

电磁机构：用来操作触点的闭合和分断，由铁芯、线圈和衔铁三部分组成。

主触点：用以通断电流较大的主电流，一般由接触面积较大的动合触点组成。

灭弧系统：用于在断开电路时迅速熄灭触点间的电弧，交流接触器一般采用灭弧室灭弧。

辅助触点：用以通断小电流，它由辅助动合触点和辅助动断触点成对组成。

反力装置：包括反作用弹簧、缓冲弹簧等，它们均不能进行松紧的调节。

支架和底座：用于交流接触器的固定和安装。

交流接触器线圈通电后会在铁芯中产生磁通，由此在衔铁气隙处产生吸力，使衔铁产生闭合动作，主触点在衔铁的带动下闭合，辅助动合触点也同时闭合，而原来闭合的辅助动断触点断开。

当线圈断电或电压降低至极限值时，对衔铁的吸力消失或减弱，衔铁在反作用弹簧的作用下被打开，主触点、辅助触点又恢复到初始状态。

交流接触器的图形及文字符号如图 3-26 所示。

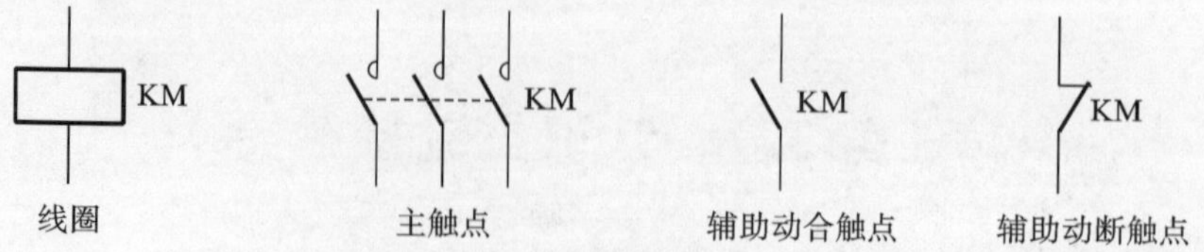

图 3-26　交流接触器图形及文字符号

交流接触器是用于远距离接通与分断交流供电电路的器件。通过线圈（A1 至 A2 间线圈）得电，来控制主线路常开触点闭合（常闭触点断开）。当线圈失电时，控制主线路常开触点复位断开（常闭触点复位闭合）。交流接触器接线柱如图 3-27 所示。

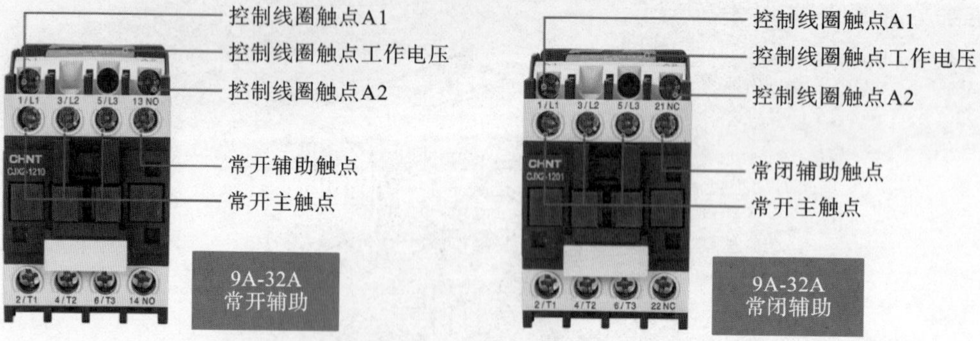

图 3-27　交流接触接线柱

当用电器电压是 220 V 时，交流接触器仅需接入 1 根火线，线圈触点 A1 接火线，另一端 A2 接零线，也可 A1 接零线，A2 接火线（A1 和 A2 需一火一零）。当开关接通使得线圈触点 A1、A2 通电，主触点接通，即用电负载通电，接线方式如图 3-28 所示。

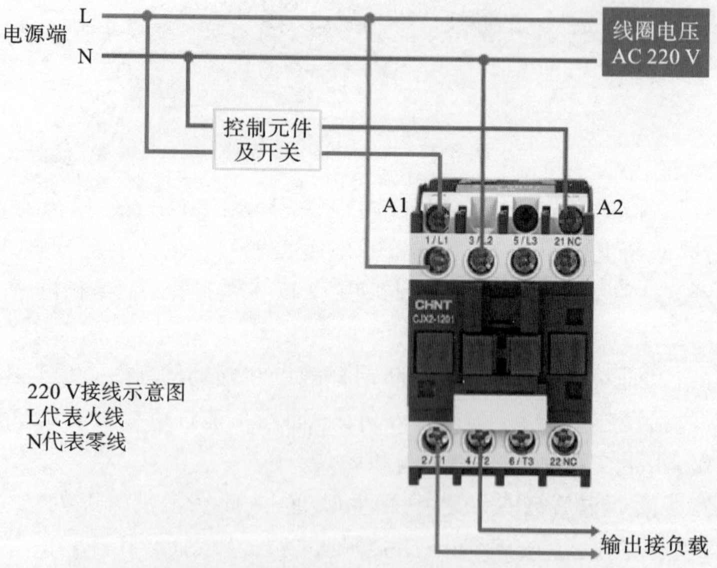

图 3-28　交流接触器 220 V 接线

当用电器电压是 380 V 时，交流接触器需接入 3 根火线 L_1、L_2、L_3，线圈触点 A1 接火线，另一端 A2 接另一根火线或者零线（当接两根火线时线圈电压为 380 V，接一火一零线圈电压为 220 V）。开关接通使得线圈触点 A1、A2 通电，控制 3 根火线的主触点接通，即用电负载通电，接线方式如图 3-29 所示。

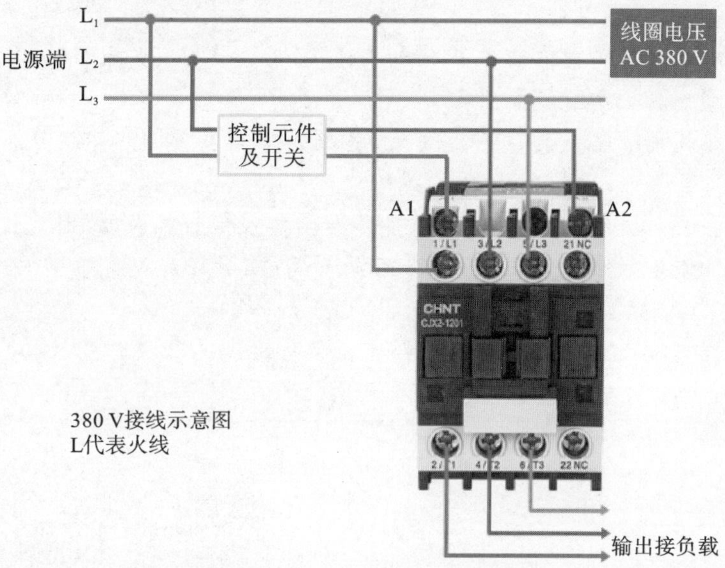

图 3-29　交流接触器 380 V 接线

复杂电路中，交流接触器需要安装多个辅助触点来完成主线路控制（安装在交流接触器上方卡槽上），辅助触点通过电流较小，接在控制电路中，辅助触点上的标识 NO 表示常闭，NC 表示常开。主触点能通过较大电流，接在主线路中，辅助触点和主触点都是通过线圈（A1、A2）控制通断，电路实例如图 3-30 所示。

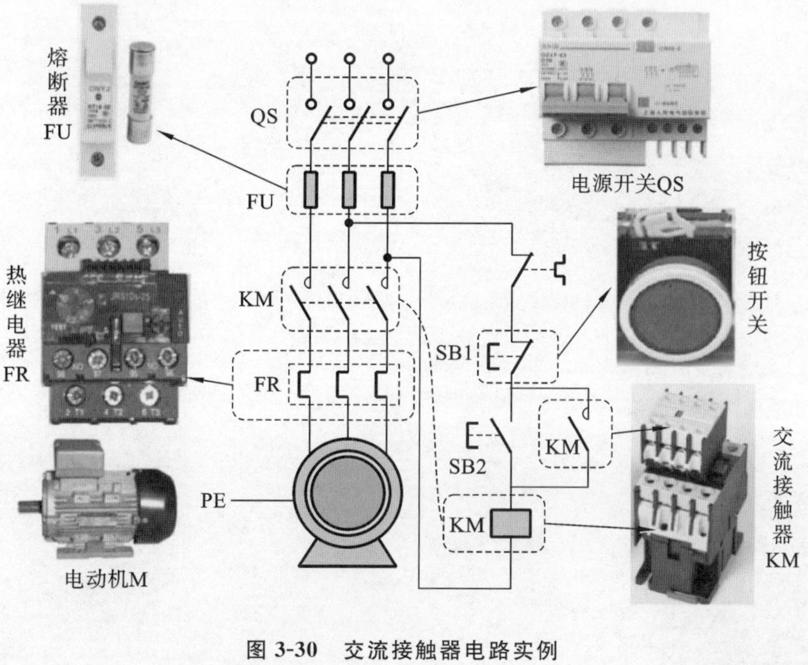

图 3-30　交流接触器电路实例

注意事项

(1) 安装前应检查接触器铭牌，确定额定电压、额定电流、额定功率、线圈电压是否符合使用要求，并检查产品的绝缘电阻。

(2) 用手推动交流接触器活动部件时，动作应灵活，没有卡滞现象，检查有无杂物落入接触器内部。

(3) 交流接触器一般应垂直安装，其倾斜角不得超过 5°，否则会影响其动作特性。

(4) 安装和接线时，注意勿使零件或杂物掉入接触器内部；固定交流接触器应在配电板上打孔攻丝，不可采用螺母固定方式；螺钉应加弹簧垫圈与平垫圈，并拧紧螺钉，以防松脱。

(5) 检查接线正确后，应在主触点不带电的情况下操作几次，观察动作是否正常。

操作工单 3-5　交流接触器拆装

任务名称	交流接触器拆装	姓名		班级	
相关器材	交流接触器 1 个，螺丝刀 1 把，导线若干				
任务描述	拆卸低压断路器，查看内部结构，找到相对应的零部件并了解其名称				

(1) 拆卸交流接触器，将得到的零部件与图 3-25 所示的结构一一对应，然后将对应结构填入表 3-4 中。

表 3-4　交流接触器主要结构

型号	额定电流	主要零部件	
		名称	作用
触点数量			
动合	动断		

(2) 按图 3-29 所示的接线方式对交流接触器进行接线（注意：火线用红色或者棕色导线，零线用蓝色导线）。

(3) 简述交流接触器是如何工作的。

项目四　认识三相异步电动机

项目描述

本项目主要介绍低压电工实训中用到的主要负载器件，即交流电动机，包括交流电动机的基本结构、工作原理、转速与转矩之间的机械特性及启动、反转、调速，以及制动的基本原理和使用方法等。

项目目标

知识目标：

掌握三相异步电动机的基本结构及工作原理；

掌握三相异步电动机的常见控制方法；

掌握常见三相异步电动机的线路连接方式；

掌握三相异步电动机的常见故障及诊断方法。

能力目标：

能够根据三相异步电动机的控制原理完成线路连接；

能够区分Y形连接和△形连接的区别；

能够实现三相异步电机的正反转控制；

能够对三相异步电动机进行简单的维护和检修。

素质目标：

培养良好的安全操作及质量环保意识；

培养自我创新意识和吃苦耐劳的精神。

世界上第一台电动机

1660年居里克建造了世界上第一台转动摩擦发电机，不过产生的是静电，难以实用。

1780年意大利医生加法尼通过从动物组织对电流的反应开始研究化学作用而不是静电产生的电流。他宣称动物组织能产生电。

1799年意大利物理学家伏特表明，加法尼的电流不是来源于动物，把任何潮湿物体放在两个不同金属之间都会产生电流。这一发现直接导致伏特在1800年发明了世界上第一块电池。1821 年英国物理学家法拉第发明了世界上第一台电动机，虽然装置简陋，但它却是当今世界上使用的所有电动机的祖先。

1831 年法拉第发现当磁铁穿过一个闭合线路时，线路内就会有电流产生，这个效应叫电磁感应，是法拉第的一项最伟大的贡献，并由此发明了世界上第一台能产生连续电流的发电机。

任务 4.1 交流异步电动机的概述

交流异步电动机是指电动机的转动速度与供电电源的频率不同步，其转速始终低于同步转速的一类电机。

三相鼠笼异步电动机结构

根据供电方式的不同，交流异步电动机主要分为单相交流异步电动机和三相交流异步电动机两种。本项目根据低压电工实训要求，主要介绍三相交流异步电动机。

4.1.1 三相异步电动机的结构

三相异步电动机的外形如图 4-1 所示，其结构简单，主要由定子和转子两大部分及其他附件组成。其结构如图 4-2 所示。

图 4-1 三相异步电动机外形图

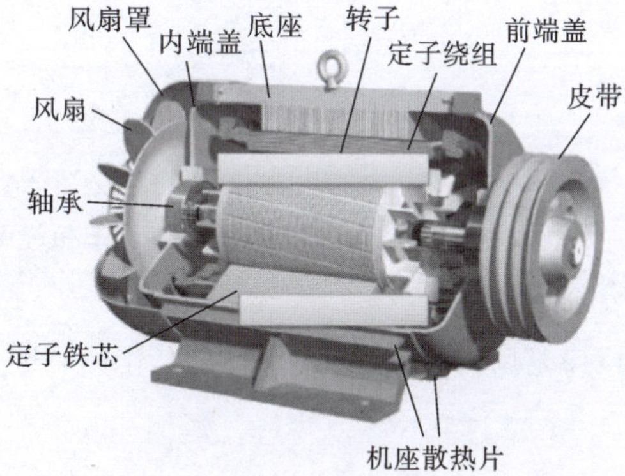

图 4-2 三相异步电动机结构示意图

1. 定子

定子是由定子铁芯、定子绕组和机座组成的，如图 4-3 所示。

1）定子铁芯

定子铁芯是用硅钢片叠成，是电动机磁通经过部分，主要起导磁作用。

2）定子绕组

定子绕组是用铜或铝制的电磁线绕制而成，然后嵌放在定子铁芯槽内。三相异步电动机共有三相绕组，对称分布在定子铁芯上，三相绕组的起端分别用 U1、V1、W1 表示，末端对应用 U2、V2、W2 表示。为了便于改变接线，三相绕组的六个端线都接在电动机

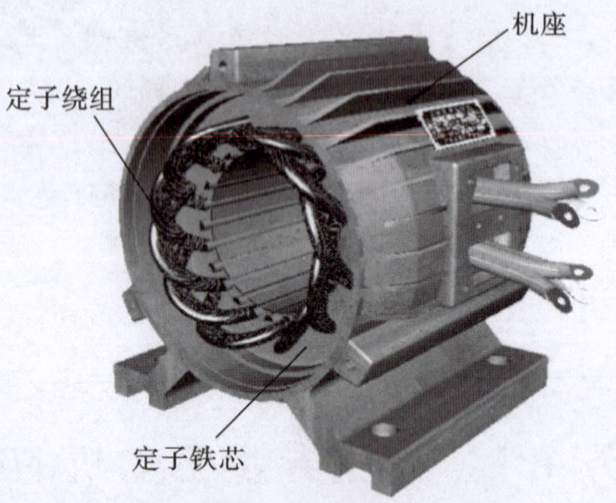

图 4-3 三相异步电机定子

定子壳体外的接线盒内,绕组可以连接成星形或三角形,如图 4-4 所示。

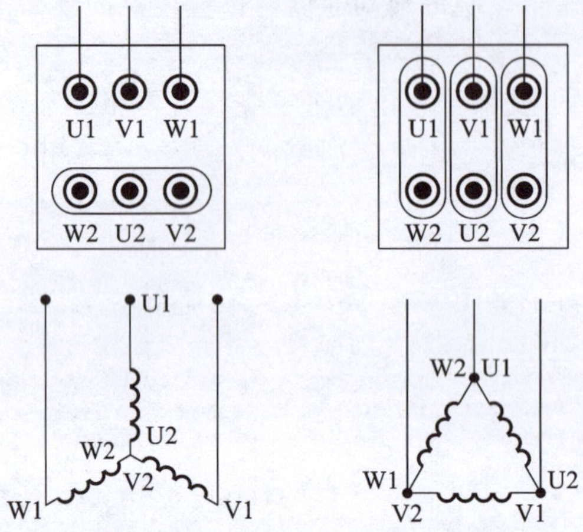

(a) 星形连接　(b) 三角形连接

图 4-4 三相绕组连接示意图

3）机座

机座是用铸铁或铝铸造而成,其作用是固定铁芯和支持端盖。

2. 转子

转子主要是由转轴、转子铁芯、转子绕组等组成的,如图 4-5 所示。

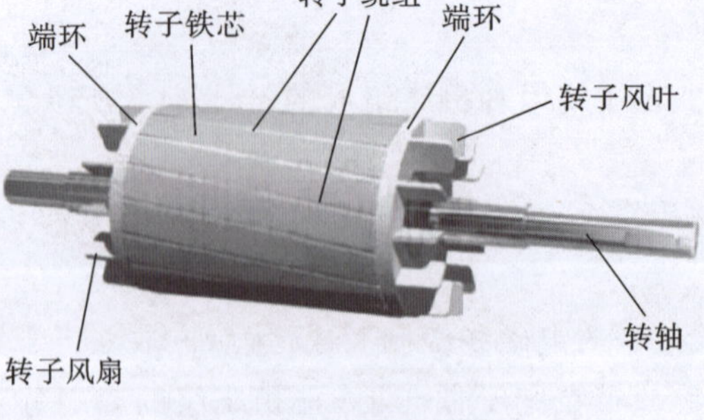

图 4-5 转子结构示意图

1）转子铁芯

转子铁芯由硅钢片叠压而成。

2）转子绕组

转子绕组有两种形式，即鼠笼式和绕线式。其中，鼠笼式转子绕组用铝浇铸或铜条与端环铆接而成。绕线式转子绕组与定子绕组相似，也是采用电磁线绕制而成，然后嵌入转子铁芯上。转子的三相绕组一般接成星形，三根引出线分别接在固定在转轴上的三个铜制滑环上。环与环之间以及与轴之间彼此绝缘，通过电刷使绕组与外电路接通，所以绕线式电动机又称滑环式电动机。

3）端盖

电动机的端盖由铸铁或铝铸成，起支撑转子作用。

4）风扇

风扇是用铝或塑料制成，起冷却作用。

4.1.2　电动机的维护与检修

1. 日常维护

电动机在运行中，除了进行日常维护外，为延长电动机的使用寿命，还应做好定期检修。

在运行中的电动机应做如下检查：

(1) 电动机的温升不能超过规定值，如表 4-1 所示。

(2) 电动机的负载电流不能超过电动机铭牌规定的额定值。

(3) 电源电压波动不能超过额定电压的－5％～＋10％的范围。

(4) 三相电压不平衡度不能大于 5％。

(5) 三相电流不平衡度不能大于 10％

(6) 电动机不能缺相运行。因为电动机缺相运行，会使电动机其余两相电流增大，将电机定子绕组烧毁。

(7) 电动机不能堵转。电动机卡死后，使电动机严重超载，电流增大很多，会使电动机定子绕组烧毁。

(8) 电动机的震动不能太大(可参考表 4-2)。

(9) 电动机的声音不能有异常，在实际工作中要根据经验判断。

(10) 线式电动机滑环上的火花不能太大。

表 4-1　三相异步电动机的最高允许温升　　单位：℃

绝缘等级	A 级		E 级		B 级		F 级		H 级	
测量方法	温度计法	电阻法	温度计法	电阻法	温度计法	电阻法	温度计法	电阻法	温度计法	电阻法
定子绕组	55	60	65	75	70	80	85	100	105	125
线绕式转子绕组	55	60	65	75	70	80	85	100	105	125

续表

绝缘等级	A 级		E 级		B 级		F 级		H 级	
滚动轴承	55		55		55		55		55	
定子铁芯	60		75		100		100		125	

表 4-2　电动机允许振动幅值标准

电动机额定转速/(r/min)	3000	1500	1000	750 及以下
振动允许幅值(双振幅)/mm	0.06	0.10	0.13	0.16

2. 电动机的检修

电动机的检修，包括拆装电动机、清洗油污、清除灰尘、更换或修复损坏件和磨损件、测量绕组绝缘电阻值和处理故障等。

1）电动机的外观检查

（1）检查电动机是否有缺件；

（2）检查电动机是否有损坏件。

2）通电试运转

（1）新装、长期停用或大修前后的电动机，运转前应测量绕组相间和绕组对地的绝缘电阻值。通常对 500 V 以下电动机用 500 V 兆欧表；对 500～3000 V 电动机用 1000 V 兆欧表；对 3000 V 以上电动机用 2500 V 兆欧表。绝缘电阻值每 1000 V 工作电压不得小于1 M Ω，380 V 的电动机绝缘电阻值不得小于 0.5 MΩ。

（2）用手转动电动机轴，检查转子是否能自由旋转，转动时有无异常。

（3）检查电动机铭牌所示电压、功率、接法、转速与电源、负载是否相符。

（4）通电运转。

（5）测量电动机空载电流，并作记录。一般空载电流为额定电流的 30%～40%，如表 4-3 所示。

表 4-3　异步电动机空载电流与额定电流的百分比　　单位：%

极对数 \ 功率	0.125 kW	0.5 kW 以下	2 kW 以下	10 kW 以下	50 kW 以下	100 kW 以下
2	70～95	45～70	40～55	30～45	23～35	18～30
4	80～96	65～85	45～60	35～55	25～40	20～30
6	85～98	70～90	50～65	35～65	30～45	22～33
8	90～98	75～90	50～70	37～70	35～50	25～35

（6）根据运转情况分析和判断故障。

3）分解电动机

电动机分解是从电动机最外部开始拆卸。

(1) 分解电动机用的工具有拉勾、油盘、活动扳手、榔头、螺丝刀、紫铜棒、钢套筒、毛刷等。

(2) 松开皮带轮或联轴节顶丝。

(3) 用拉钩卸掉皮带轮或联轴节。

(4) 若外部有强迫通风的风扇，则应先拆去防护罩，再拆下风扇。

(5) 卸掉后端盖轴承盖固定螺钉，取下轴承盖。

(6) 卸掉后端盖固定螺钉，取下后端盖。

(7) 卸掉前端盖固定螺钉，将前端盖与转子从定子中抽出。若是大型电动机，则用钢套管套在轴的一端，然后用吊车吊出。

(8) 卸掉前端盖固定螺钉，取下轴承盖。

(9) 卸掉前端盖。

4）清洗

(1) 用压缩空气或“皮老虎”将定子内的灰尘吹尽。

(2) 用煤油清洗轴承及其他零件油污，用压缩空气将轴承内油吹尽，并用布或棉纱把所有零件擦干。

5）检查

(1) 检查零件有无磨损和破坏，确定检修方案和更换备件。

(2) 检查轴承。轴承的好坏对电动机性能影响很大，轴承质量不好，会使电动机声音异常、振动。对轴承检查应注意声音、径向间隙和轴向摆动。

(3)轴承的拆卸。一般用拉勾将轴承卸掉。

(4)轴承的安装。轴承既可用敲打法冷装，也可用加热方法装，将轴承放在机油锅里煮，油温约 100 ℃，时间 5～10 min，然后轻打装上。

(5) 检查电动机定子绕组是否有损坏。

6）电动机的装配

电动机的装配与拆卸顺序相反。

7）电动机装配后试运转

电动机装配后通电运转前的检查与拆前检查相同。

4.1.3　三相异步电动机的常见故障及修理方法

电动机在运行过程中，由于各种原因会发生各种故障，电动机的常见故障和修理方法如表 4-4 所示。

表 4-4　三相异步电动机的常见故障及修理方法

故障现象	原因分析	处理方法
不能启动或转速低	电源电压过低	
	熔断器烧断一相或其他连接处断开一相	用摇表或万用表检查有无断路或接触不良

续表

故障现象	原因分析	处理方法
不能启动或转速低	定子绕组断路	用摇表或万用表检查有无断路或接触不良
	绕线式转子内部或外部断路或接触不良	
	鼠笼式转子断条或脱焊	将电动机接15%～30%额定电压的三相电源上，测量三相电流，若电流随转子的位置变化而变化，说明有断条或脱焊
	定子绕组三角形接法的，误接成星形接法	检查接线并改正
	负载过大或机械卡住	检查负载及机械部件
三相电流不平衡	定子绕组一相首末两端接反	用低压单相交流电源、指示灯或电压表等器材，确定绕组首末端，重新接线
	电源不平衡	检查电源
	定子绕组有线圈短路	检查有无局部过热
	定子绕组匝数错误	测量绕组电阻
	定子绕组部分线圈接线错误	检查接线并改正
过热	过载	减载或更换电动机
	电源电压太高	检查并设法限制电压波动
	定子铁芯短路	检查铁芯
	定转子相碰	检查铁芯、轴、轴承、端盖等
	通风散热障碍	检查风扇通风道等
	环境温度过高	加强冷却或更换电动机
	定子绕组短路或接地	检查绕组直流电阻、绝缘电阻
	接触不良	检查各接触点
	缺相运行	检查电源及定子绕组的连续性
	线圈接线错误	按照图纸检查并改正
	受潮	烘干
	启动过于频繁	按规定频率启动
滑环火花大	电刷牌号不符	更换电刷
	电刷压力过小或过大	调整电刷压强（一般电动机为150～250 gf/cm^2，牵引和起重电动机为250～400 gf/cm^2）
	电刷与滑环接触不严	研磨电刷
	滑环不平、不圆或不清洁	修理滑环

续表

故障现象	原因分析	处理方法
内部冒烟起火	电刷下火花太大	调整、修理电刷和滑环
	内部过热	消除过热原因
振动和噪声大	地基不平，安装不好	检查地基和安装
	轴承缺陷或装配不良	检查轴承
	转动部分不平衡	必要时做静平衡或动平衡实验
	轴承或转子变形	检查转子并矫正
	定子或转子绕组局部短路	拆开电动机，用表检查
	定子铁芯压装不紧	检查铁芯并重新压紧
	设计时，定、转子配合不妥	不允许运行

任务 4.2　三相异步电动机的工作原理

4.2.1　旋转磁场的产生

三相异步电动机工作原理

三相异步电动机的定子绕组嵌放在定子铁芯槽内，按一定规律连接成三相对称结构。三相绕组 AX、BY、CZ 在空间互成 120°，它可以连接成星形，也可以连接成三角形。当三相绕组接至三相对称电源时，三相绕组中便通入三相对称电流 i_A、i_B、i_C。

$$\begin{cases} i_A = I_m \sin(\omega t) \\ i_B = I_m \sin(\omega t - 120°) \\ i_C = I_m \sin(\omega t + 120°) \end{cases} \tag{4-1}$$

电流的参考方向和随时间变化的波形图如图 4-6 所示。

当定子绕组中通入三相电流后，三相电流不断地随时间变化时，它们共同产生的合成磁场也随着电流的变化而在空间不断地旋转着，这就是旋转磁场。这个旋转磁场与磁极在空间旋转所产生的作用是一样的。

4.2.2　旋转磁场的转向

从旋转磁场可以看出，当 $\omega t = 0°$ 时，A 相的电流 $i_A = 0$，此时旋转磁场的轴线与 A 相绕组的轴线垂直；当 $\omega t = 90°$ 时，A 相的电流 $i_A = +I_m$ 达到最大，这时旋转磁场的轴线方向恰好与 A 相绕组的轴线一致。三相电流出现正幅值的顺序为 A—B—C，因此旋转磁场的旋转方向与通入绕组的电流相序是一致的，即旋转磁场的转向与三相电流的相序一

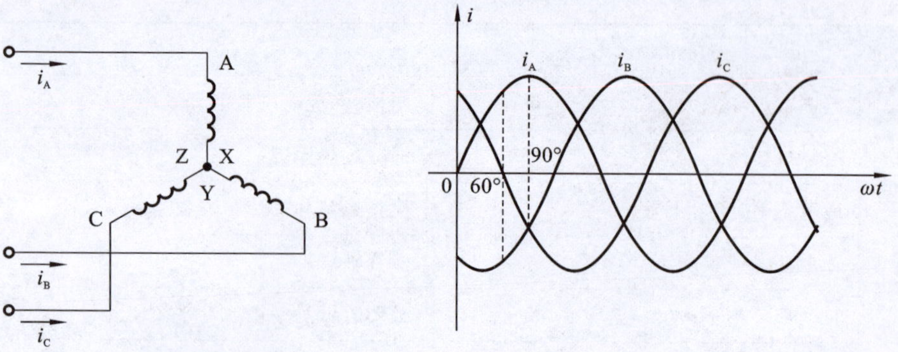

图 4-6　电流的参考方向和随时间变化的波形图

致。如果将与三相电源相连接的电动机 3 根导线中的任意 2 根对调一下，则定子电流的相序随之改变，旋转磁场的旋转方向也发生改变，电动机就会反转，如图 4-7 所示。

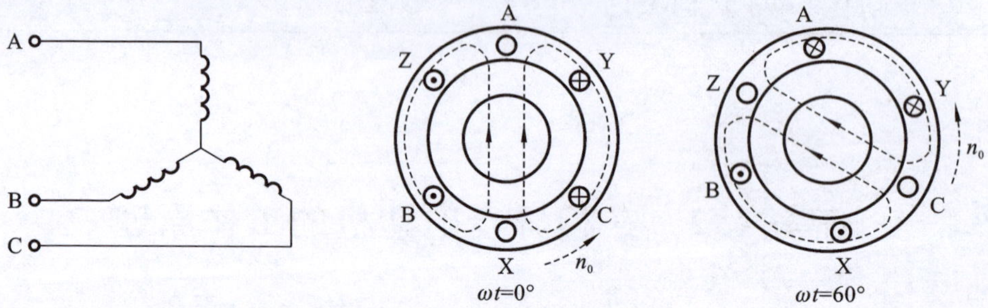

图 4-7　旋转磁场的反转

4.2.3　旋转磁场的极数

三相异步电动机的极数就是旋转磁场的极数。旋转磁场的极数与三相定子绕组的安排有关。在图 4-7 所示的情况下，每相绕组只有一个线圈，三相绕组的始端之间相差 120°，则产生的旋转磁场具有一对磁极，即 $p=1$，如图 4-8 所示。

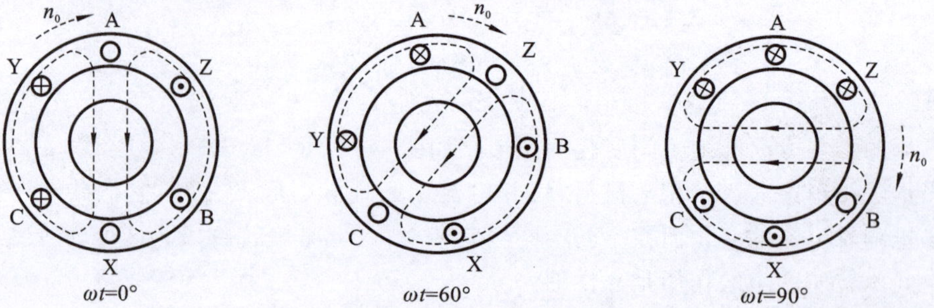

图 4-8　三相电流产生的旋转磁场（$P=1$）

如将定子绕组按图 4-9 所示安排，即每相绕组有两个均匀安排的线圈串联，三相绕组的始端之间只相差 60°的空间角，则产生的旋转磁场具有两对磁极，即 $p=2$。

同理，如果要产生三对磁极，即 $p=3$ 的旋转磁场，则每相绕组必须有均匀安排的 3 个线圈串联，三相绕组的始端之间相差 40°的空间角。

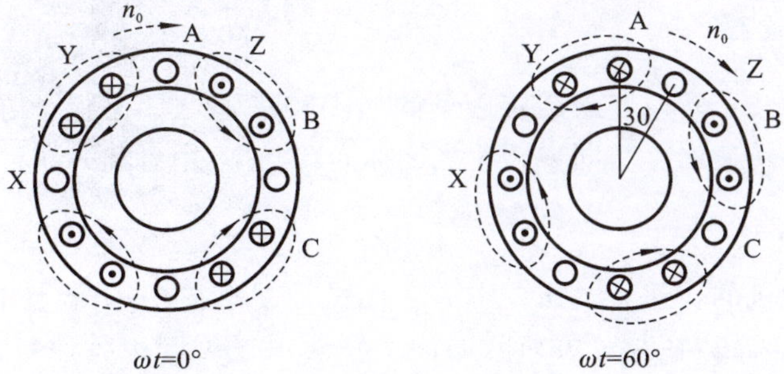

图 4-9　三相电流产生的旋转磁场（$P=2$）

4.2.4　旋转磁场的转速

三相异步电动机的转速与旋转磁场的转速有关，而旋转磁场的转速取决于旋转磁场的极数。可以证明在磁极对数 $p=1$ 的情况下，三相定子电流变化一个周期，所产生的合成旋转磁场在空间亦旋转一周。当电源频率为 f 时，对应的旋转磁场转速 $n_0=60f$。当电动机的旋转磁场具有 p 对磁极时，合成旋转磁场的转速为

$$n_0=\frac{60f_1}{p}\ (\text{r/min}) \tag{4-2}$$

式中：n_0称为同步转速，即旋转磁场的转速，r/min（转/分）。

我国电力网电源频率 $f=50$ Hz，故当电动机磁极对数 p 分别为 1、2、3、4 时，相应的同步转速 n_0分别为 3000 r/min、1500 r/min、1000 r/min、750 r/min。

4.2.5　转动原理

根据安培定律，载流导体与磁场相互作用而产生电磁力 F，其方向由左手定则决定。电磁力对于转子转轴所形成的转矩称为电磁转矩 T，在它的作用下，电动机转子便转动起来。这就是三相异步电动机转动原理，如图 4-10 所示。

三相定子绕组接至三相电源后，三相绕组内将流过对称的三相电流，并在电动机内产生一个旋转磁场。当 $p=1$ 时，图 4-10 中用一对以恒定同步转速 n_0（旋转磁场的转速）按顺时针方向旋转的电磁铁来模拟该旋转磁场，在它的作用下，转子导体逆时针方向切割磁力线而产生感应电动势。感应电动势的方向由右手定则确定。由于转子绕组是短接的，所以在感应电动势的作用下，产生感应电流，即转子电流 I_2。异步电动机的转子电流是由电磁感应而产生的，因此这种电动机又称为感应电动机。

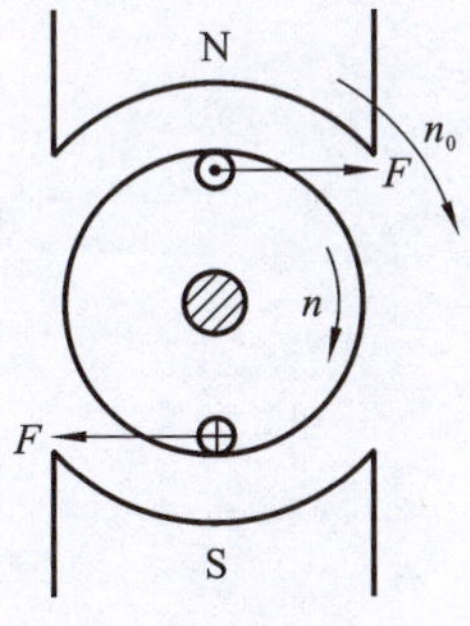

图 4-10　三相异步电动机转动原理示意图

由图 4-10 可见，电磁转矩与旋转磁场的转向是一致的，故转子旋转的方向与旋转磁场的方向相同。但电动机转子的转速 n 必须低于旋转磁场转速 n_0。如果转子转速达到 n_0，那么转子与旋转磁场之间就没有相对运动，转子导体将不切割磁通，于是转子导体中不会产生感应电动势和转子电流，也不可能产生电磁转矩，所以电动机转子不可能维持在转速 n_0状态下运行。可见该电动机只有在转子转速 n 低于同步转速 n_0时，才能产生电磁转矩并驱动负载稳定运行。因此，这种电动机称为异步电动机。

4.2.6 转差率

异步电动机的转子转速 n 与旋转磁场的同步转速 n_0 之差是保证异步电动机工作的必要条件。这两个转速之差与同步转速之比称为转差率，用 s 表示，即

$$s=\frac{n_0-n}{n_0}\times 100\% \tag{4-3}$$

由于异步电动机的转速 $n<n_0$，且 $n>0$，故转差率在 0～1 的范围内，即 $0<s<1$。对于常用的异步电动机，在额定负载时的额定转速很接近同步转速，所以它的额定转差率 s_N 很小，为 0.01～0.07，s 有时也用百分数来表示。

操作工单 4-1　三相交流电动机的转动及换向实验

任务名称	三相交流电动机的转动及换向实验	姓名		班级	
相关器材	三相交流电源，三相交流电动机 1 台，数字万用表 1 块，螺丝刀 1 把，若干连接线				
任务描述	1. 根据三相交流电源提供的电压及电动机铭牌参数选择合适的连接方式； 2. 改变任意两相的顺序，观察电动机的变化				

(1) 抄写电动机的铭牌参数。

(2) 选择合适的连接方式，完成电动机的连接并通电观察电动机的运行状态。

(3) 对调任意两相的顺序，重新上电，观察电动机的运行状态有何变化。

(4) 思考“Y”形连接和“△”形连接有何区别。

任务 4.3　三相异步电动机的运行

4.3.1　三相异步电动机的启动

1. 概述

三相异步电动机的启动

电动机从接入电网开始转动，逐渐增加转速一直达到正常转速为止，这段过程为启动过程，通常只有几十分之一秒到几秒。

启动电流与启动转矩是衡量电动机好坏的主要依据。

电动机开始转动时转子电路中感应电动势最大，一般为额定情况下的 20 倍左右。但由于此时转子电抗也最大，故转子电流为额定情况下的 5～8 倍。由于异步电动机转子电能是由定子绕组供给的，所以定子绕组中的电流为额定情况的 4～7 倍。

启动时虽然转子电流较大，但此时电抗也很大，使转子功率因数很小，所以启动转矩并不大。

启动电流大，电网电压降低，影响其他电气设备的正常工作；对于频繁开、停的设备将使其电动机发热，影响电动机的寿命。启动转矩小，电动机不能带负载启动或启动时间过长而使电动机温度过高。

衡量电动机启动性能的好坏，主要有如下三点：

(1) 启动电流尽可能小；

(2) 启动转矩尽可能大些；

(3) 启动设备简单、经济，操作方便。

2. 三相异步电动机的启动

1) 全压启动

把电动机直接接到电压与电动机额定电压相等的电网上进行启动，则称为全压启动，其电路图如图 4-11 所示。这种方法的优点是操作简便，成本低；但启动电流较大。为了保证电动机启动时不引起电网电压下降太多，电动机的额定容量满足下列经验公式的要求时才允许全压启动：

$$I_{ST}/I_R \leqslant 3/4 \tag{4-3}$$

式中：I_{ST}表示电动机的启动电流；I_R表示电动机的额定电流。

一般情况下，I_{ST}/I_R为 4～7，因而电动机的额定容量不超过电源变压器容量的 15%～20%时都允许全压启动。

2)降压启动

降压启动是用降低电动机端电压的办法来减小启动电流进行启动的。当电压降低时，启动转矩按电压的平方成正比例下降，故此种方法适用于空载或轻载情况下启动。降压启动有以下三种方法。

(1) 串联电阻降压启动：这种方法是在三相定子绕组中串接相同电阻(或变阻器)，可

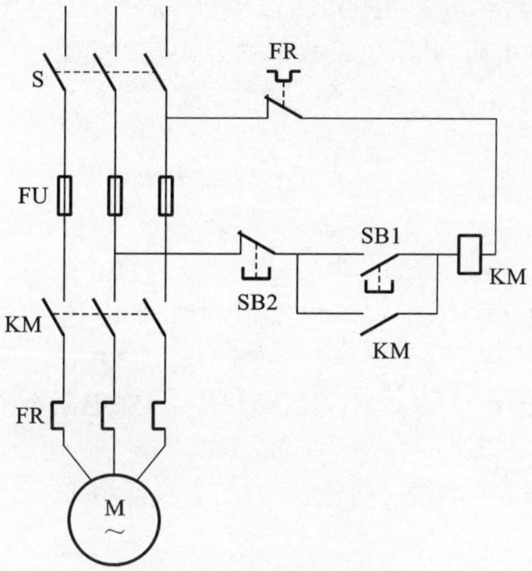

图 4-11　全压启动电路图

分为手动启动和自动控制两种，如图 4-12 所示。

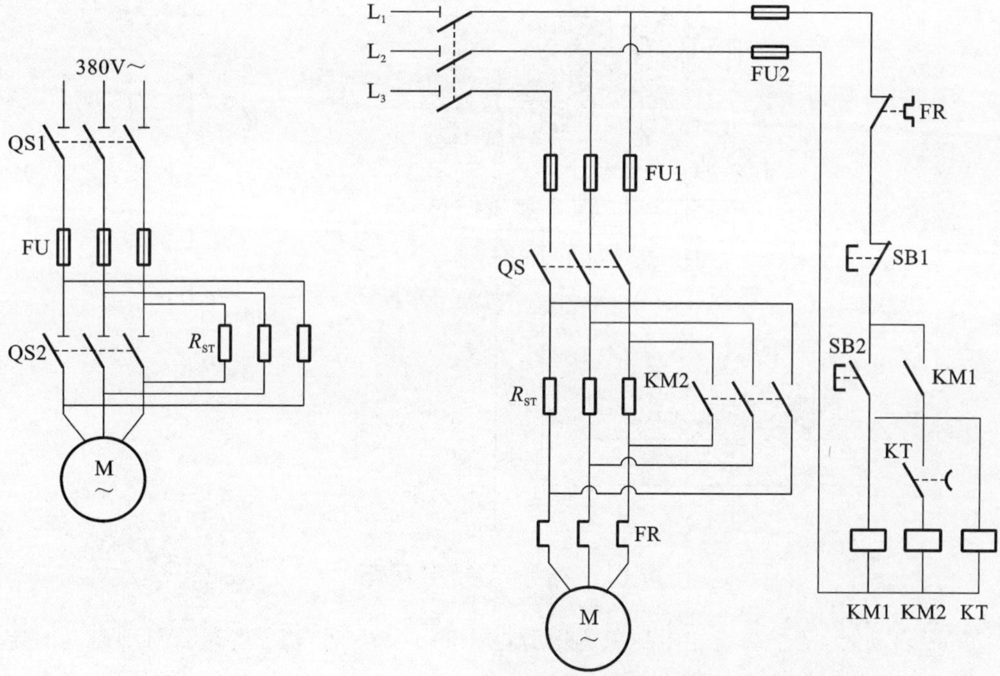

(a) 串联电阻降压手动启动线路图

(b) 串联电阻降压自动控制启动线路图

图 4-12　串联电阻降压启动

①手动启动控制：启动时，合上电源开关 QS1，电源经电阻 R_{ST} 加到电动机上。当转速升高时再合上开关 QS2 即可。一般限流电阻 R_{ST} 大小的选择应使启动电流限制在电动机额定电流的 2.5 倍左右。

②自动启动控制：合上开关 QS，按下按钮 SB2，接触器 KM1 接通，电动机经限流电阻 R_{ST} 启动，此时时间继电器 KT 也接通，经延时后闭合 KM2 接触器，KM2 接触器在主

回路中的三副常开触头闭合，短接电阻 R_{ST} 电动机 M 便开始全压运转，启动电阻一般采用 ZX1 和 ZX2 系列铸铁电阻，其阻值可按下列公式近似确定：

$$R_{ST} = 190 \times I_{ST} - \frac{I'_{ST}}{I'_{ST} \times I_{ST}} (\Omega) \tag{4-4}$$

式中：I'_{ST} 为未串入电阻时的启动电流(安培)，一般 $I'_{ST} = (2 \sim 3) I_R$；

I_R 为额定电流；

I_{ST} 为串入电阻后的启动电流，一般 $I_{ST} = (2 \sim 3) I_{R0}$；

启动电阻的功率为：$P = I_R^2 R_{ST}$，由于启动时间很短，实际电阻功率可取计算值的1/4～1/3。

串联电阻降压启动的缺点是，减小了启动转矩，且在电阻上消耗了较大的功率，故这种启动方法工程上很少采用。

(2) 星形-三角形(Y-△)降压启动：这种启动方法适用于工作时定子绕组为三角形接法的电动机，如图 4-13 所示。

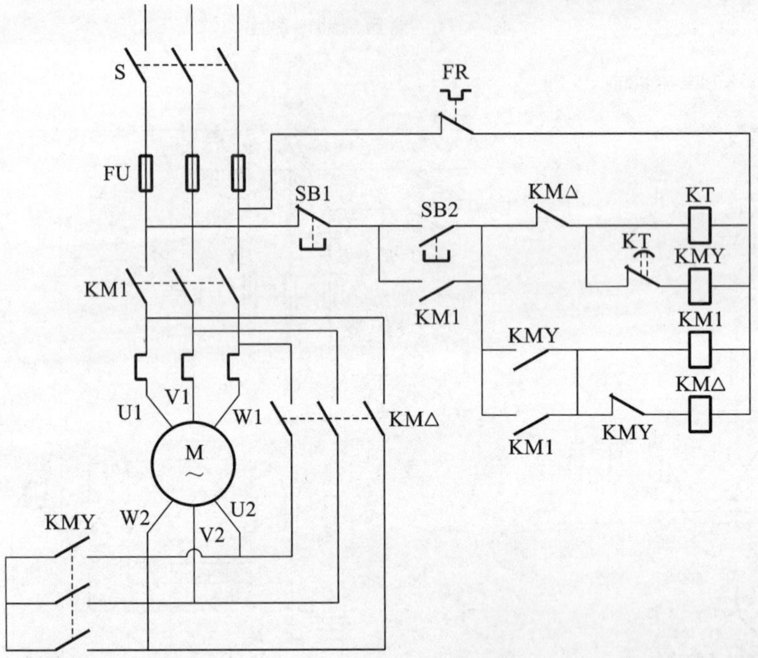

图 4-13　星形-三角形降压启动

星形启动时，定子绕组相电压仅为电源电压的 $1/\sqrt{3}$，若电压为 380 V，则启动时定子绕组的相电压为 220 V。而启动线电流仅为三角形接法时启动电流的 1/3。

常用的为时间继电器控制的 Y-△降压启动控制电路，其工作原理为：当按下启动按钮 SB2，线圈 KT 和 KMY 同时获电吸合，KMY 主触点闭合，同时其动合辅助触点闭合，KM1 线圈得电。KM1 主触点闭合，与 KMY 配合，使电动机 M 接成 Y 形降压启动。同时 KM 动合触点闭合，实现自锁。KMY 动断辅助触点断开，KM△线圈不能得电，实现互锁。

当达到 KT 整定时间时，KT 延时动断触点断开，KMY 线圈断电，其主触点断开，解除 Y 形连接，KMY 动合辅助触点断开，动断互锁触点闭合，KM△线圈得电，KM△主触点闭合，电动机 M 定子绕组由 Y 形自动接成△形，启动过程结束。电动机按△连接全压运行。KM△动断触点先断开，使得 KT 线圈断电。时间继电器 KT 的触头延时动作时间由电动机的容量及启动时间的快慢来决定。

(3) 自耦变压器降压启动：自耦变压器降压启动又叫补偿器降压启动，这种降压启动适用于电动机容量为 20～150 kW 的情况。利用自耦变压器来降低加在电动机定子绕组上的启动电压。待电动机启动后，再使电动机与自耦变压器脱离，从而在全压下正常运行。这种降压启动也分为手动控制启动和自动控制启动两种。

4.3.2　三相异步电动机的调速

有些生产机械在工作时往往需要调节速度以适应生产需要，在同一负载下改变电动机的转速，称为调速。

1. 三相异步电动机的调速

1)改变电动机电源频率的方法

这种调速方法的原理是利用同步转速与电源频率成正比关系的原理，改变电源频率。但要达到无级调速的目的，这种方法必须配备复杂昂贵的变频电源设备，因而目前应用较少。

2)改变定子绕组的极对数

这种调速方法的原理是利用同步转速与电动机的极对数成反比例的关系，是一种有级调速方法。在转差率和电源频率不变时，改变极对数是通过改变绕组的接法来实现的。这种方法比较简单，常用于鼠笼式电动机。

图 4-14 为改变磁通极对数来达到改变转速的示意图。由图 4-14(a)可见，一相(U 相)的两个绕组串联时，第一段绕组末端与第二段绕组首端相接，通入电流的方向可形成的磁场为四个极。由图 4-14(b)可见，将绕组并联接入电网，电流如图中⊗⊙所示，形成的磁场为两极。

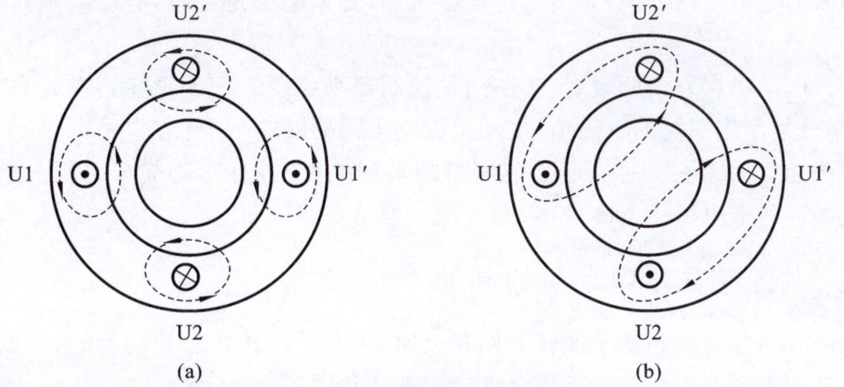

图 4-14　改变磁通极对数示意图

图 4-15 为双速 2、4 极鼠笼异步电动机调速控制线路图，低速时定子绕组为△接法，电动机转速为 14320 r/min，高速时定子绕组为双 Y 接法，电动机转速为 2870 r/min。

启动及变速工作过程为：按下按钮 SB2，接触器 KM1 接通，电动机定子绕组作△接法启动并运转，当需要变为高速(双 Y 接法)时按下 SB3 按钮，线圈 KM1 断电，线圈 KM2

接通,电动机双 Y 运转。若需要重新回到△运转,则按下 SB2 按钮即可。

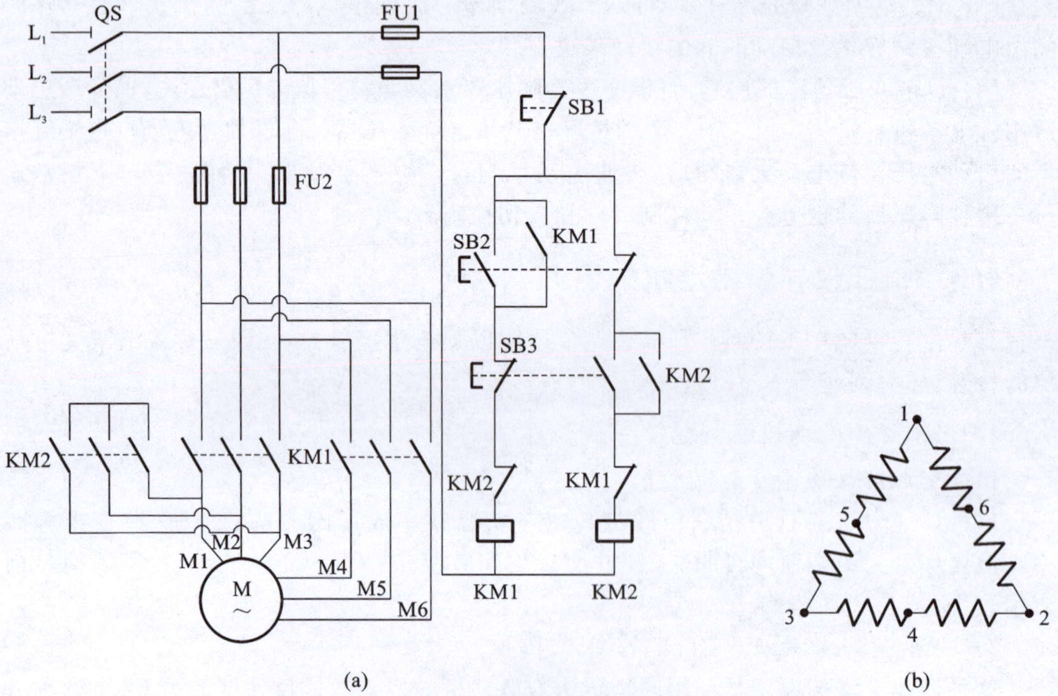

图 4-15　改变磁通极对数时达到改变转速的示意图

2. 三相绕线式异步电动机的调速

由异步电动机的转速公式 $n=n_0(1-s)$(n 为电动机转速、n_0 为同步转速、s 为转差率)可以看出,改变转差率 s 的大小就可以改变电动机的转速。对于绕线式电动机来说,改变其转子电路中的附加电阻,就可以改变转差率 s,也就改变了电动机转速。如果与转子绕组串联的电阻连续可调,则转速也连续可调;如果电阻是分级调整的,则转速也是分级可调的。

绕线式电动机在分级调速时,常用凸轮控制器来控制。把手轮转到左或右不同的位置,转子中分别串入不同的电阻值,电动机就在不同的转速下运转。

这种调速方法最主要的优点是能够得到多种速度,并且线路简单、操作方便。缺点是与转子串联的电阻损耗电能较多,触头也较容易烧坏。

4.3.3　三相异步电动机的制动

当电磁转矩的方向和转子旋转方向相反时,为制动运转状态。制动的目的是使电力拖动系统较快停车或者使拖动系统降低而在低速状态下运转。

三相异步电动机的制动方式一般分为机械制动和电气制动两大类。

1. 机械制动

机械制动应用较普遍的是电磁抱闸装置。如图 4-16 所示,它主要由制动电磁铁和闸瓦制动器两部分组成,利用摩擦制动,制动冲击较大,但制动可靠,一般用于起重、卷扬设备。

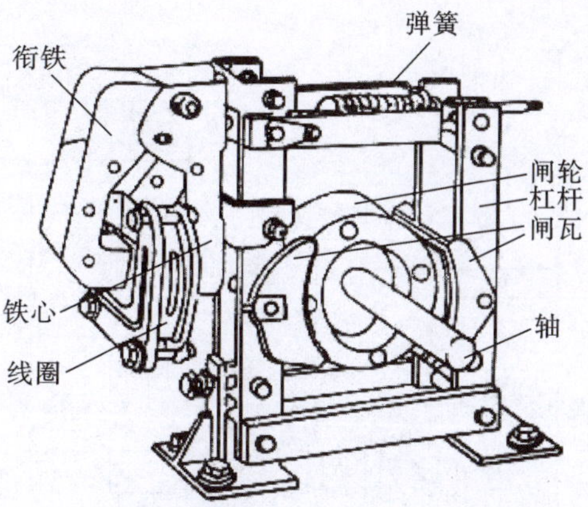

图 4-16　电磁抱闸装置示意图

制动过程如下：

（1）当电动机通电时，电磁抱闸的线圈同时通电，衔铁克服弹簧反作用力而被吸合，推动顶杆向右移动，弹簧被压缩，弹簧伸展将两边的杠杆顶开，使闸瓦与闸轮松开，电动机即可运转。

（2）当电动机断电时，线圈同时断电，衔铁释放，在弹簧的作用下，顶杆复位带动杠杆使闸瓦紧紧包住闸轮，电动机即被迅速制动。

2. 电气制动

电气制动又叫电力制动，常用的有反接制动、能耗制动和再生制动三种。

1)反接制动

这种制动是改变电源相序后产生反向电磁转矩而迫使电动机停转，起到制动作用。正常运转状态的电动机要停转时先将开关拉开，电动机由于惯性继续旋转，然后迅速将开关投向另一侧，使电动机产生反向电磁力矩，迫使电动机停转，稍停片刻应立即拉开开关，以免电动机反向启动。单向反接制动自动控制电路图如图 4-17 所示，其工作过程如下。

当按下按钮 SB2 时，接触器 KM1 线圈获电吸合，电动机 M 开始转动，并带动速度继电器 SR 一起启动。当转速达到 120 r/min 以上时，SR 常开触点闭合，为反接制动做好准备。电动机处于正常运转时，若按下按钮 SB1，则接触器 KM1 线圈失电释放，电动机失电进入惯性运转状态，此时由于 SR 接通接触器 KM2，电动机反向通电，进行反接线制动，其速度下降，当转速达到 120 r/min 以下时，SR 的常开触点断开，接触器 KM2 线圈失电释放，电动机反向电源被切断，制动过程结束。反接制动时间一般为 1～3 s。

电动机反接制动时，由于旋转磁场与转子的相对切割速度(n_1+n_2)很高，因而制动电流很大，约为电动机额定电流的 10 倍。当电动机容量为 4.5 kW 以上时，需要在主电路中串接电阻 R_B 以限制反接制动电流。

上述反接制动中，起主要作用的是反接制动继电器 SR(又叫速度继电器)。图 4-17 为 JFZO 系列速度继电器结构原理图。

反接制动的冲击力较大，一般用在电动机功率在 4.5 kW 以下且启动不太频繁的场合。

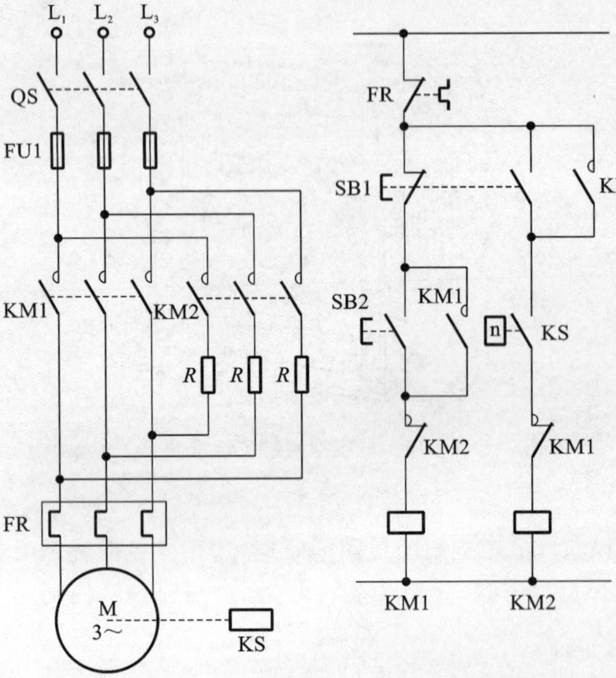

图 4-17　单向反接制动自动控制电路图

2）能耗制动

当电动机断电后立即使定子绕组接上直流电源，于是定子绕组产生一个静电场，此时转子由于惯性还在旋转，转子导体因切割磁场而产生感应电动势和电流，从而产生与原转向相反的转矩，阻碍转子旋转。

能耗制动常用控制电路有半波整流和全波整流能耗制动自动控制电路。图 4-18 所示的为全波整流能耗制动自动控制电路，其工作过程如下。

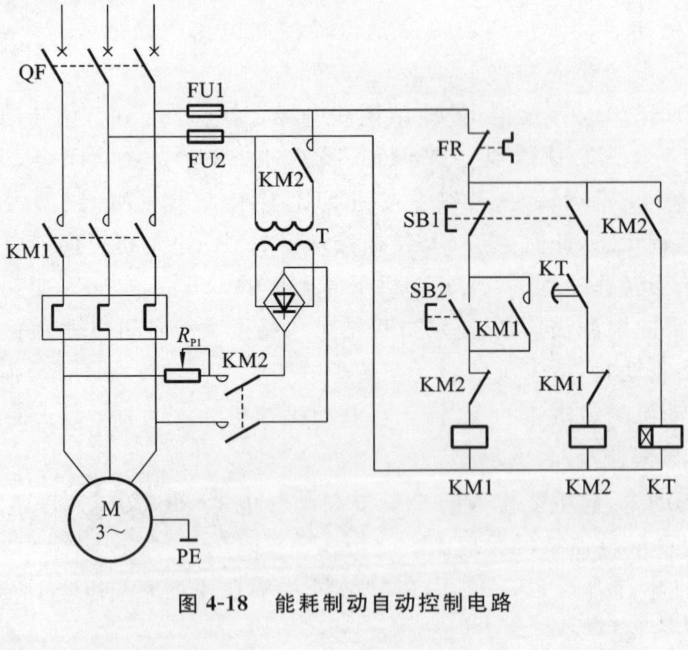

图 4-18　能耗制动自动控制电路

按下按钮 SB2，接触器 KM1 接通，电动机 M 启动并正常运转。当按下按钮 SB1 时，KM1 线圈失电，电动机 M 电源被切断，此时接触器 KM2 和时间继电器 KT 线圈都获电吸合，直流经 KM2 两副常开触头及电位器 R_{P1} 通入电动机 M 定子绕组中产生制动作用。经延时后时间继电器 KT 触点断开，KM2 线圈失电，制动结束。

能耗制动对电网无冲击作用，制动平稳可靠，并可实现准确停车，因此应用较为广泛。

3）再生制动

再生制动又叫发电制动或回馈制动，其制动原理是转子转速大于异步电动机的同步转速时产生反向电磁转矩进行制动。这种制动一般用于起重机械重物下降和变极调速电动机。

项目五　安装电机常用控制电路

项目描述

实现生产自动化的过程中，由于生产工艺和过程的不同，对控制电路的要求也不一样，但都是由一些基本的控制环节组成，因此只要掌握一些经典电路的工作原理、分析和设计方法，就很容易掌握复杂的电气控制电路。

项目目标

知识目标：

掌握电机点动控制电路原理；

掌握电机自锁控制电路原理；

掌握电机点动与自锁混合控制电路原理；

掌握电机非直接换向的正反转控制电路原理；

掌握电机直接换向的正反转控制电路原理。

能力目标：

掌握电机点动控制电路的接线方法；

掌握电机自锁控制电路的接线方法；

掌握电机点动与自锁混合控制电路的接线方法；

掌握电机非直接换向的正反转控制电路的接线方法；

掌握电机直接换向的正反转控制电路的接线方法。

素质目标：

严格要求，遵守规程，培养安全操作的意识；

厉行节约，珍惜材料，养成杜绝浪费的习惯；

一丝不苟，认真负责，做到测试和接线准确无误的工作精神；

干净利落，美观整洁，作业完毕后及时清理现场的工作态度。

大国工匠——王进

平步百米铁塔，横穿超、特高压。在“刀锋”上起舞，守护着岁月通明、灯火万家。王进作为电网系统特高压检修工，成功完成世界首次±660 kV 直流输电线路带电作业。参与执行抗冰抢险、奥运会和全运会保电、线路防舞动治理等重大任务，带电检修300余次实现“零失误”，为社会节省电量1000万度，避免经济损失数以亿计。

任务 5.1　安装电机点动控制电路

5.1.1　电机点动控制电路原理

所谓点动控制是指按下按钮，电动机得电运转；松开按钮，电动机失电停转。这种控制方法非常简单，但是在实际当中也有一定的用途，比如在点动电动葫芦的起重电机的控制或者是车床拖板箱的快速移动控制等。接线示意图如图 5-1 所示。

点动控制

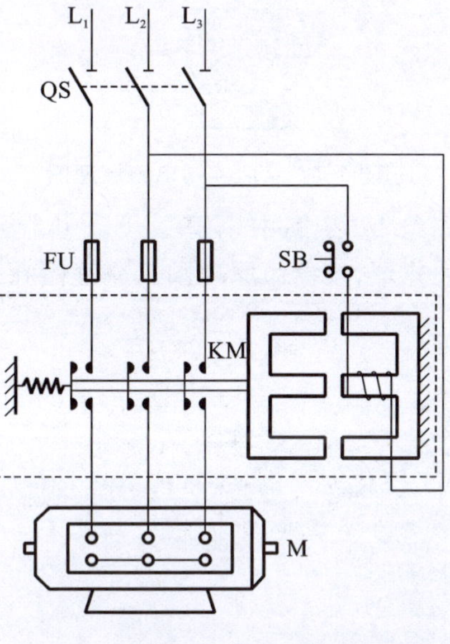

图 5-1　点动正转控制接线示意图

点动控制电路是由转换开关 QS、熔断器 FU、启动按钮 SB、接触器 KM 及电动机 M 组成。其中，转换开关 QS 作为电源隔离开关，熔断器 FU 作为短路保护，按钮 SB 控制接触器 KM 的线圈得电、失电，接触器 KM 的主触头控制电动机 M 的启动与停止。电路工作过程如下。

当电动机 M 需要启动时，先合上组合开关 QS，此时电动机 M 尚未接通电源。按下启动按钮 SB，接触器 KM 的线圈得电，使衔铁吸合，同时带动接触器 KM 的三对主触点闭合，使电动机 M 接通电源而启动运转；松开启动按钮 SB，则接触器 KM 的线圈失电，使其三对主触点断开，电动机 M 失电停转。

启动：按下启动按钮 SB→接触器 KM 的线圈得电→KM 的主触点闭合→电动机 M 启动运行。

停止：松开启动按钮 SB→接触器 KM 的线圈失电→KM 的主触点断开→电动机 M 失电停转。

图 5-1 是用近似实物接线图的画法表示的，看起来比较直观，初学者易学易懂，但画

起来却很麻烦，特别是对一些比较复杂的控制电路，由于所用电器较多，画成接线示意图的形式反而使人觉得繁杂难懂，很不实用。因此，控制电路通常不画接线示意图，而是采用国家统一规定的电器图形符号和文字符号，画成控制电路原理图。点动正转控制电路原理图如图 5-2 所示。

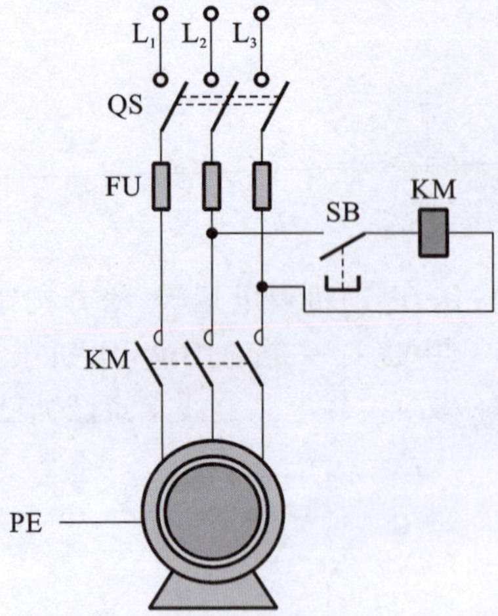

图 5-2　点动控制电路原理图

它是根据实物接线电路绘制的，图中以符号代表电器元件，以线条代表连接导线。用它来表达控制电路的工作原理，故称为原理图。原理图在设计部门和生产现场都得到了广泛的应用。

注意事项

在点动控制电路中，要使电动机 M 连续运行，启动按钮 SB 就不能松开，因为一松开，电动机就停转。为实现电动机的连续运行，可以采用接触器自锁控制电路。

5.1.2　电机点动控制电路安装

电机点动控制电路安装步骤如下。

1. 主电路

(1) 三根火线 L_1、L_2、L_3 和零线 N 接入 QS 电源隔离开关；

(2) 接入熔断器 FU；

(3) 接入交流接触器 KM 主触点；

(4) 接入电机。

2. 主电路检测

(1) 将数字万用表调到电阻挡，采用逐条电路检测，以检测 L_1 电路为例(其他 2 条电路类似)，闭合 QS 电源隔离开关；

(2) 将红、黑表笔分别接到 QS 电源隔离开关前第一根线的端子、连接电机前第一根线的端子；

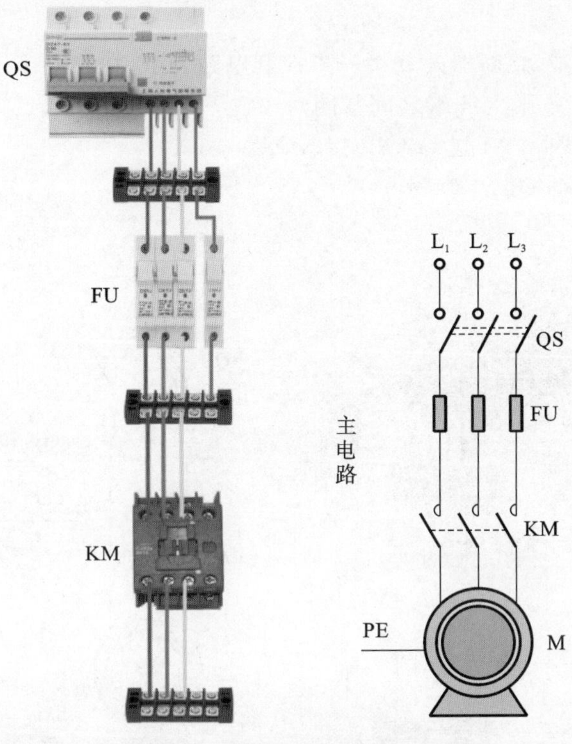

图 5-3　点动控制主电路接线

（3）手动按下交流接触器主触点，能检测到小电阻，如图 5-4 所示。

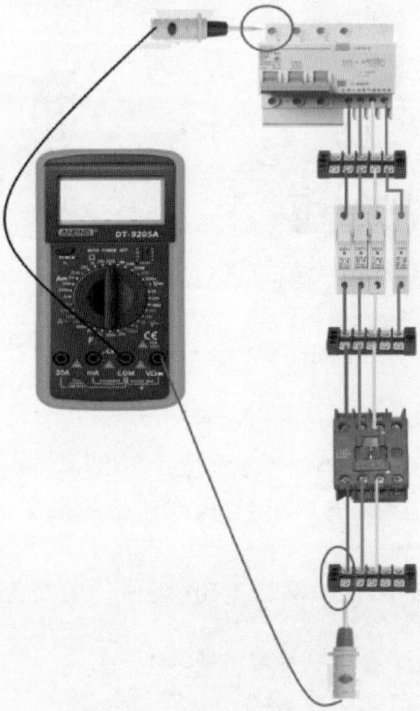

图 5-4　点动控制主电路检测

3. 控制电路

(1) 在 L_3 电路中，熔断器处外接一条控制电路，此电路首先接入 SB 常开（1/2 端）开关（开关 1/2 端之间常开，3/4 端之间常闭）；

(2) 通过 KM 线圈（A1 进 A2 出）接入 FU。

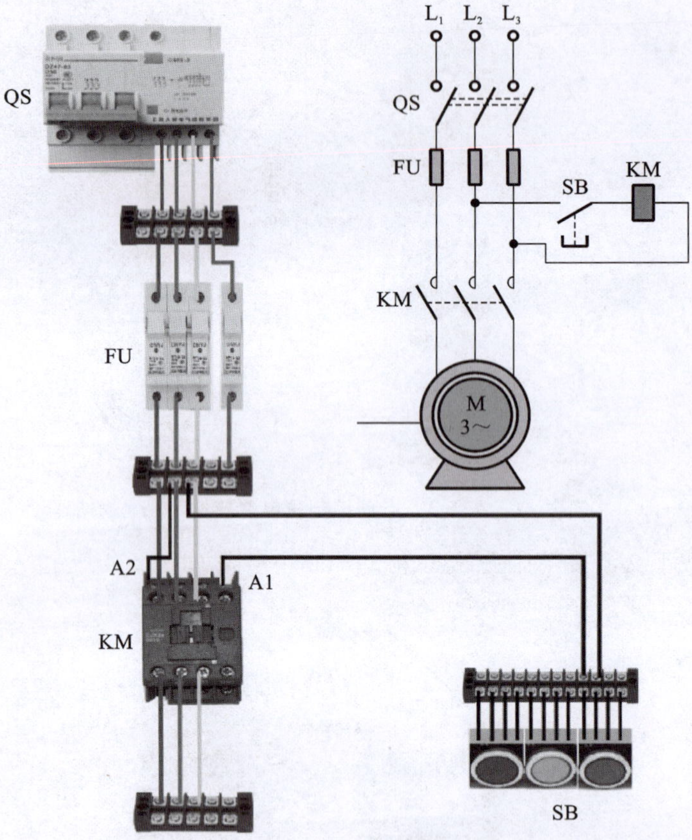

图 5-5　点动控制接线

4. 控制电路检测

(1) 将数字万用表调到电阻挡的 kΩ 挡位；

(2) 将红、黑表笔分别接到开关 SB 与火线连接的端子、交流接触器线圈 A2 的连接端子；

(3) 按下开关 SB 不松手，能检测到电阻（阻值约为交流接触器线圈电阻），如图 5-6 所示。

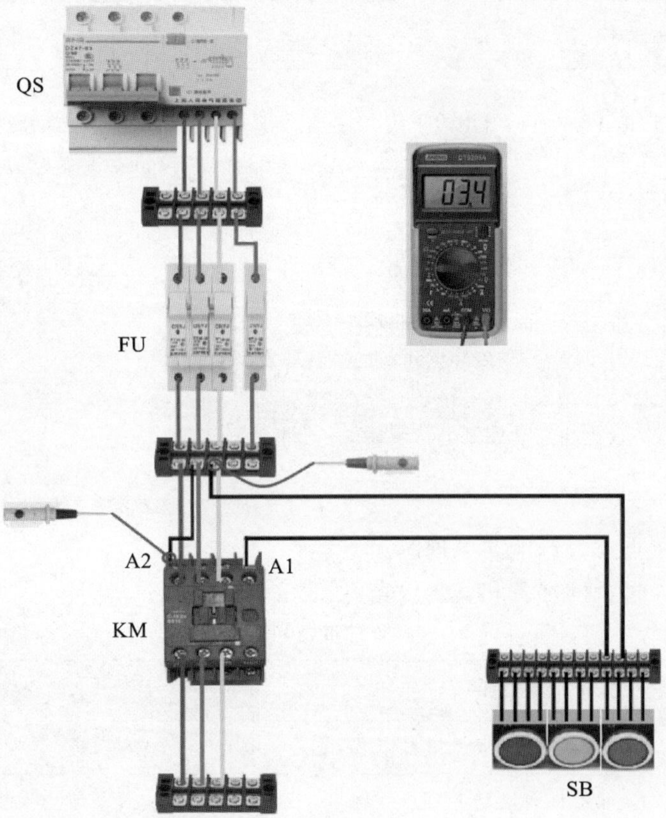

图 5-6　点动控制电路检测

操作工单 5-1　电机点动控制电路安装

任务名称	电机点动控制电路安装	姓名		班级	
相关器材	低压电工实训台，万用表 1 块，三相异步电动机 1 台，交流接触器(KM)1 个，熔断器(FU)5 个，断路器(QF)1 个，自复位按钮(SB)1 个，按钮盒 1 个，实验接线和接线端子若干				
任务描述	1. 掌握电机点动控制电路原理； 2. 培养安全素养，安装操作前的准备和安全检查； 3. 使用万用表检查电路； 4. 完成电机点动控制电路安装				

(1) 画出电机点动控制电路原理图。

(2) 安装操作过程的准备和安全检查，如表 5-1 所示。

表 5-1　操作前准备和安全检查

序号	内　容	评 分 项 目	自　评
1	操作前准备	是否正确穿戴工作服和绝缘鞋	是(　)否(　)
		元器件数量是否准备齐全	是(　)否(　)
2	操作前安全	操作工位台是否有安全隐患	是(　)否(　)
		绝缘线和元器件是否损坏	是(　)否(　)

(3) 根据绘制的原理图进行电机点动控制电路安装，操作过程注意事项如表 5-2 所示。

表 5-2　操作过程注意事项

序号	评 分 项 目	自　评
1	是否擅自通电	是(　)否(　)
2	接线和用线颜色是否规范	是(　)否(　)
3	是否正确连接地线	是(　)否(　)
4	是否正确连接三相电机	是(　)否(　)
5	启停控制按钮用色是否规范	是(　)否(　)
6	是否少接或漏接元器件(或触头)	是(　)否(　)

(4) 电机点动控制电路安装检测。

①观察主电路检测过程并记录电阻值。

②观察控制电路检测过程并记录电阻值。

(5) 根据表 5-4 所示的电机点动控制电路安装自评表进行考评并记录扣分内容，填入表 5-3 中。

表 5-3　扣分内容记录

序　　号	扣 分 内 容
扣分项 1	
扣分项 2	
扣分项 3	
扣分项 4	

表 5-4　电机点动控制电路安装自评表

序号	项目	内容	评 分 标 准	配分	得分
1	准备	防护用品穿戴	1. 未正确穿工作服，扣 1 分； 2. 未穿绝缘鞋，扣 1 分	2	
2	操作前安全	安全隐患的检查	1. 未检查操作工位及平台上是否存在安全隐患，扣 2 分； 2. 操作平台上有安全隐患未处置，扣 1 分； 3. 操作平台上的绝缘线或元器件有损坏但未指出，扣 2 分	4	
3	操作过程安全	安全操作规程	1. 未经老师同意，擅自通电，扣 5 分； 2. 通、断电的操作顺序违反安全操作规程，扣 5 分； 3. 刀闸(或断路器)操作不规范，扣 3 分； 4. 在操作过程中，有不安全行为，扣 3 分	11	
		安全操作技术	1. 少接或漏接(　)个元器件(或触头)，扣 5 分； 2. 熔断器、断路器、热继电器进出线接线不规范，每处扣 3 分； 3. 启停控制按钮用色不规范，扣 5 分； 4. 绝缘线用色不规范，扣 5 分； 5. 未正确连接 PE 线，扣 3 分； 6. 电路中接线不合理、不规范，扣 2 分； 7. 未正确连接三相负载，扣 3 分； 8. 工具使用不熟练或不规范，扣 2 分	16	
4	操作后的安全	操作完毕作业现场安全检查	1. 操作工位未清理、不整洁，扣 2 分； 2. 工具及仪表摆放不规范，扣 1 分； 3. 损坏元器件，扣 1 分	3	

续表

序号	项目	内容	评 分 标 准	配分	得分
5	仪表使用	用万用表测量电压	1. 万用表不会使用或使用方法不正确，扣 4 分； 2. 不会读数，扣 2 分	4	
6	否定项	否定项说明	出现以下情况之一，该题记为零分： 1. 接线原理错误； 2. 电路出现短路或损坏设备等故障； 3. 功能不能完全实现； 4. 在操作过程中出现安全事故		
合计				40	

任务 5.2　安装自锁控制电路

5.2.1　电机自锁控制电路原理

自锁控制

点动控制电路中，要使电动机 M 连续运行，启动按钮 SB 就不能松开，因为一松开，电动机就停转。为实现电动机的连续运行，可以采用接触器自锁控制电路。如图 5-7 所示，与点动控制电路相比，主电路多串接一个用于过载保护的热继电器 FR。控制回路中串接了热继电器 FR 的常闭触点、一个停止按钮 SB1，启动按钮 SB2 两端并接了 KM 的一对常开辅助触点（自锁触点）。

合上 QS 即引入三相电源。当按下 SB2 时，交流接触器 KM 的线圈通电，其主触点闭合，使电动机 M 直接启动运行。同时与 SB2 并联的常开辅助触点 KM 闭合。这样，当松开 SB2，即 SB2 复位时，KM 线圈通过 KM 的辅助触点继续通电，使电动机连续运行。这种依靠接触器自身触点使其线圈保持通电的措施，称为自锁。

当按下停止按钮 SB1 时，接触器 KM 断电释放，其主触点将三相电源切断，M 立即停转。同时 KM 的辅助触点断开，切断线圈 KM 的电源。当松开停止按钮 SB1 后，其常闭触点恢复闭合后，因接触器 KM 的自锁在切断控制电路时已分断，解除了自锁，SB2 此时是复位（断开）状态，所以接触器 KM 不能得电，电动机 M 就不会转动。

该电路不但能使电动机连续运转，还具有短路、过载、欠压以及失压保护作用。

1. 短路和过载保护

本电路采用熔断器 FU 作主电路和控制电路的短路保护，但从实用性角度看，保护措施还是不够，因为电动机在运行过程中，如果长期负载过大，或者启动操作频繁，都可能使得电动机定子绕组的电流增大，超过额定电流。此种情况，熔断器 FU 往往并不熔断，会引起定子绕组过热，超过允许范围使绝缘破坏，缩短电动机使用寿命，严重时会烧毁定子绕组，因此还采用热继电器对电动机进行过载保护。

需要注意的是，熔断器和热继电器两者所起的作用不同，不能互相代替。三相异步电动机的启动电流很大，电动机在启动的时候，就可能会使其熔体熔断，造成电动机根本无法启动。热继电器在三相异步电动机控制电路中只能作过载保护，不能作短路保护。因为热继电器的热惯性大，当电动机发生短路时如果不能及时动作，可能会损坏供电电路和电源设备。

2. 欠压保护

“欠压”是指电路电压低于电动机应该加的额定电压。欠压保护是指当电路电压下降到某一数值时，电动机能够自动脱离电源停转，这样可以避免电动机在欠压下运行的一种保护。当该电路电压下降到一定值（一般指低于额定电压的 85%以下）的时候，接触

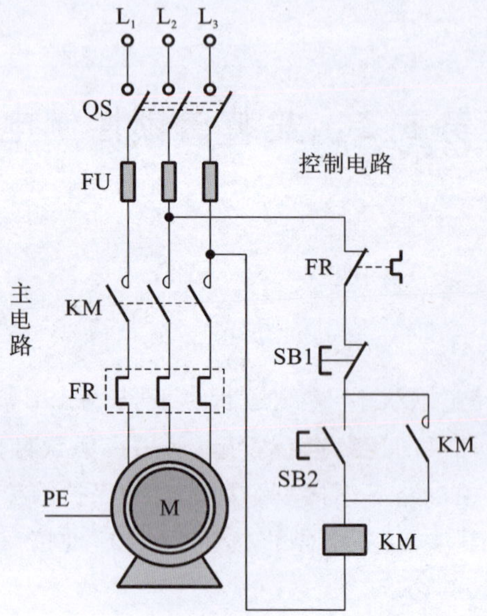

图 5-7　自锁控制电路电路图

器 KM 的线圈两端电压也同样会下降到这个数值，使其磁通减弱，产生的电磁吸力也减弱。如果电磁吸力减小到小于反作用弹簧的拉力时，交流接触器的动铁芯被迫释放，交流接触器的主触点和自锁触点同时分断，会自动切断主电路和控制电路，电动机会失电停转，这样就可以达到欠压保护的目的。

3. 失压保护

失压保护是指电动机在正常运行的时候，由于外界某种原因引起的突然断电，能够自动切断电动机电源；当重新供电时，保证电动机不能自行启动的一种保护。在电路中，因为接触器自锁触点和主触点在电源断电的时候已经断开，使控制电路和主电路都不能接通，所以在电源恢复供电的时候，如果没有按启动按钮，电动机就不能自行启动，可以保证人身和设备的安全。

注意事项

熔断器和热继电器两者所起的作用不同，不能互相代替。热继电器在三相异步电动机控制电路中只能作过载保护，不能作短路保护。因为热继电器的热惯性大，当电动机发生短路时如果不能及时动作，可能会损坏供电电路和电源设备。

5.2.2　电机自锁控制电路安装

电机自锁控制电路主电路接线如图 5-8 所示。

电机自锁控制电路安装步骤如下。

1. 主电路安装

(1) 三根火线 L_1、L_2、L_3 和零线 N 接入 QS 电源隔离开关；

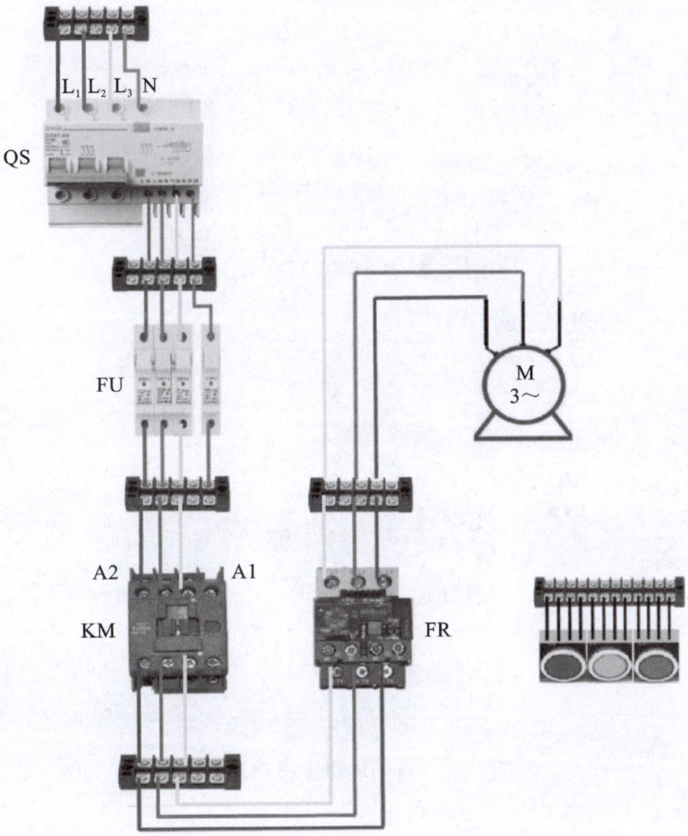

图 5-8　电机自锁控制电路主电路接线图

(2) 接入熔断器 FU；

(3) 接入交流接触器 KM 主触点；

(4) 接入热继电器 FR；

(5) 接入电机。

2. 主电路检测

(1) 将数字万用表调到电阻挡，采用逐条电路检测，以检测 L_1 电路为例(其他 3 条电路类似)，闭合 QS 电源隔离开关；

(2) 将红、黑表笔分别接到 QS 电源隔离开关前第一根线的端子(端子排 1)、连接电机前第一根线的端子(端子排 5)；

(3) 手动按下 KM 交流接触器触点，能检测到小电阻，如图 5-9 所示。

3. 控制电路安装

(1) 在 L_1 电路的熔断器处外接一条控制电路，此电路首先接入热继电器 FR 常闭开关，如图 5-10 所示；

(2) 接入常闭开关 SB1，如图 5-10 所示；

(3) 分别接入常闭开关 SB2 和 KM 常开辅助触点，如图 5-11 所示；

(4) 并联 SB2 常开触点和 KM 常开辅助触点并接入 KM 线圈的 A1 端，然后从 KM 线圈的 A2 端接入熔断器 FU，如图 5-12 所示。

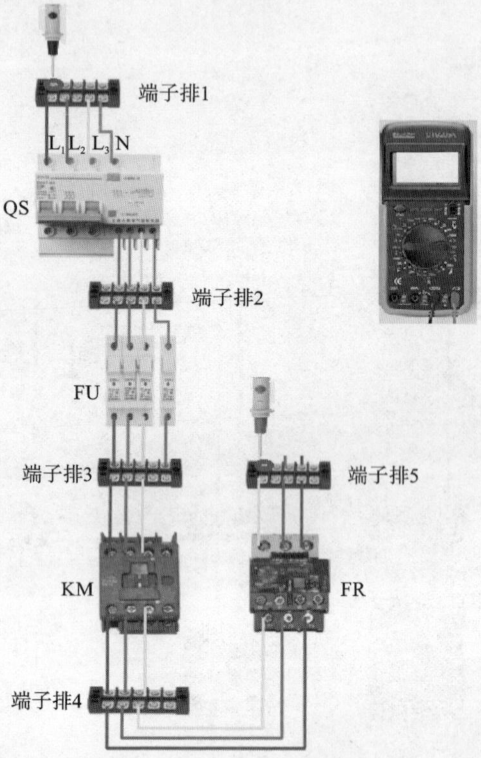

图 5-9　自锁控制主电路检测

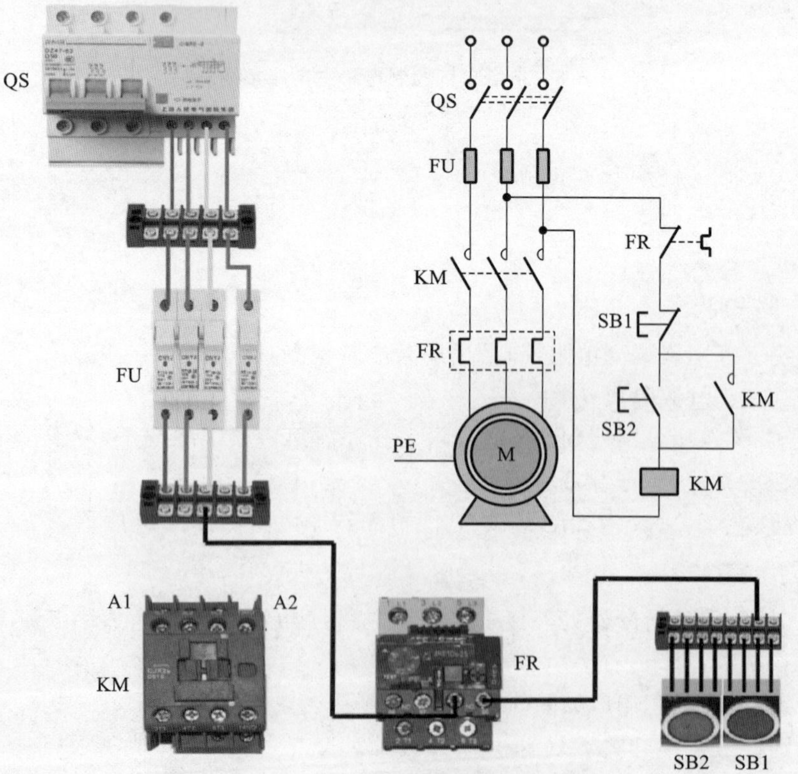

图 5-10　自锁控制电路副电路安装步骤(1)和步骤(2)接线

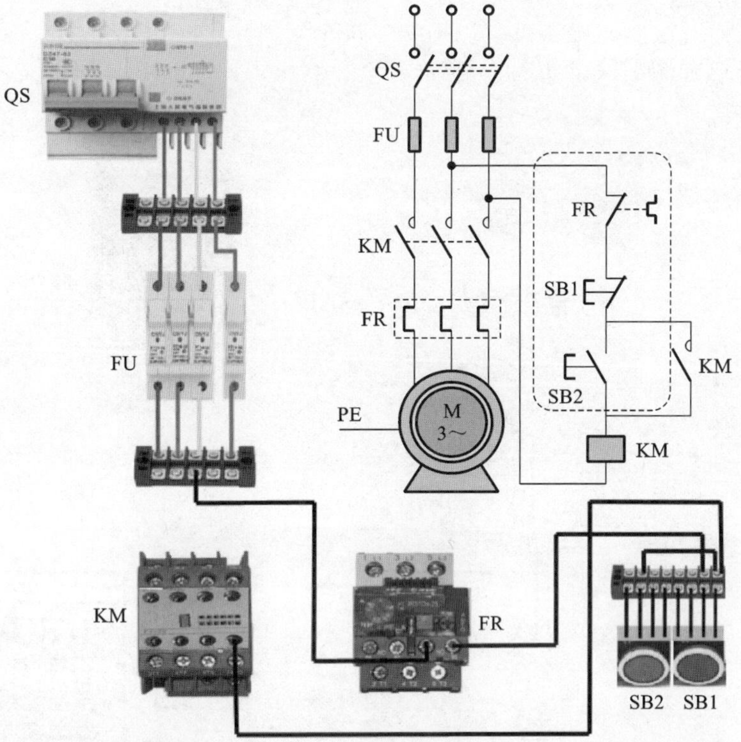

图 5-11　自锁控制电路副电路安装步骤(3)

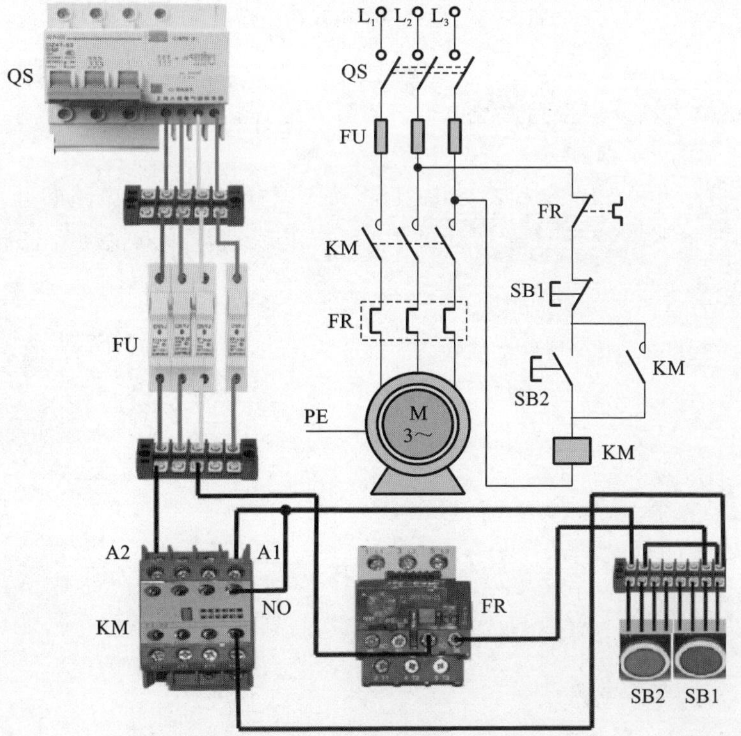

图 5-12　自锁控制电路副电路安装步骤(4)

4. 控制电路检测

自动控制电路副电检测如图 5-13 所示。

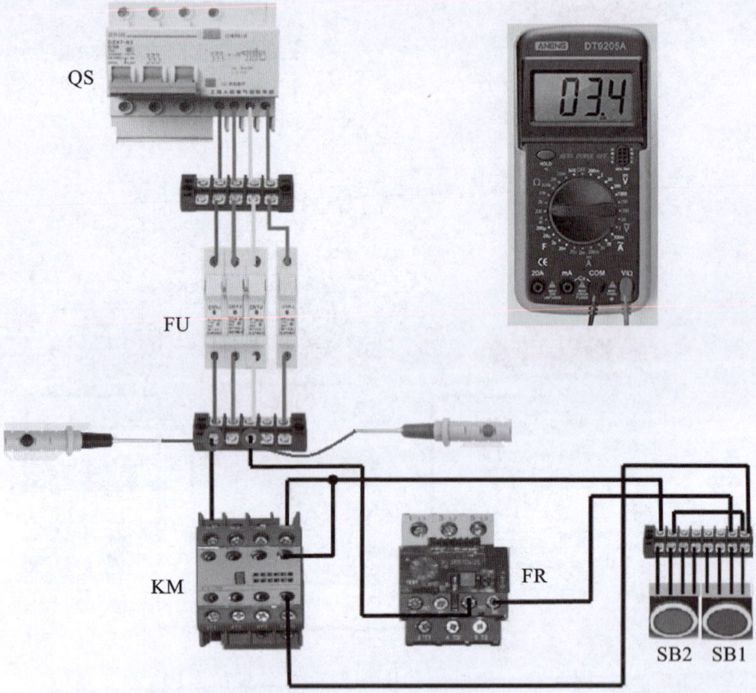

图 5-13 自锁控制电路副电路检测

(1) 将数字万用表调到电阻挡的 kΩ 挡位；

(2) 将红、黑表笔分别接到热继电器 FR 与火线连接的端子、交流接触器线圈 A2 的连接端子；

(3) 按下常闭开关 SB2 能检测到电阻，再按下常闭开关 SB2 电路断开；

(4) 手动按下 KM 交流接触器辅助触点(按下后常开触点接通)，同样能检测到电阻，则说明自锁正常。

操作工单 5-2　电机自锁控制电路安装

任务名称	电机自锁控制电路安装	姓名		班级	
相关器材	低压电工实训台，万用表 1 块，三相异步电动机 1 台，交流接触器(KM)1 个，热继电器(FR)1 个，熔断器(FU)5 个，断路器(QF)1 个，自复位按钮(SB)2 个，按钮盒 1 个，实验接线和接线端子若干				
任务描述	1. 掌握电机自锁控制电路原理； 2. 培养安全素养，安装操作前的准备和安全检查； 3. 使用万用表检查电路； 4. 完成电机自锁控制电路安装				

(1) 画出电机自锁控制电路原理图。

(2) 安装操作过程的准备和安全检查。

操作前准备和安全检查如表 5-5 所示。

表 5-5　操作前准备和安全检查

序号	内容	评 分 项 目	自评
1	操作前准备	是否正确穿工作服和绝缘鞋	是(　)否(　)
		元器件数量是否准备齐全	是(　)否(　)
2	操作前安全	操作工位台是否存在安全隐患	是(　)否(　)
		绝缘线和元器件是否损坏	是(　)否(　)

(3) 根据绘制的原理图进行电机自锁控制电路安装。

操作过程注意事项如表 5-6 所示。

表 5-6　操作过程注意事项

序　号	内　容	自　评
1	不能擅自通电	是(　)否(　)
2	接线和用线颜色是否规范	是(　)否(　)
3	是否正确连接地线	是(　)否(　)
4	是否正确连接三相电机	是(　)否(　)
5	启停控制按钮用色是否规范	是(　)否(　)
6	是否少接或漏接元器件(或触头)	是(　)否(　)

(4) 电机自锁控制电路安装检测。

①主电路检测过程并记录电阻值。

②控制电路检测过程并记录电阻值。

(5)根据电机自锁控制电路安装自评表(见表 5-8)进行考评并记录扣分内容，如表 5-7 所示。

表 5-7 扣分内容记录

序　　号	扣 分 内 容
扣分项 1	
扣分项 2	
扣分项 3	
扣分项 4	

表 5-8 电机自锁控制电路安装自评表

序号	项目	内容	评分标准	配分	得分
1	准备	防护用品穿戴	1. 未正确穿工作服，扣 1 分； 2. 未穿绝缘鞋，扣 1 分	2	
2	操作前安全	安全隐患的检查	1. 未检查操作工位及平台上是否存在安全隐患，扣 2 分； 2. 操作平台上若有安全隐患未处置，扣 1 分； 3. 操作平台上的绝缘线或元器件有损坏但未指出，扣 2 分	4	
3	操作过程安全	安全操作规程	1. 未经老师同意，擅自通电，扣 5 分； 2. 通、断电的操作顺序违反安全操作规程，扣 5 分； 3. 刀闸（或断路器）操作不规范，扣 3 分； 4. 在操作过程中，有不安全行为，扣 3 分	11	
		安全操作技术	1. 少接或漏接（）个元器件（或触头），扣 5 分； 2. 熔断器、断路器、热继电器进出线接线不规范，每处扣 3 分； 3. 启停控制按钮用色不规范，扣 5 分； 4. 绝缘线用色不规范，扣 5 分； 5. 未正确连接 PE 线，扣 3 分； 6. 电路中接线不合理、不规范，扣 2 分； 7. 未正确连接三相负载，扣 3 分； 8. 工具使用不熟练或不规范，扣 2 分	16	
4	操作后的安全	操作完毕作业现场安全检查	1. 操作工位未清理、不整洁，扣 2 分； 2. 工具及仪表摆放不规范。扣 1 分； 3. 损坏元器件，扣 1 分	3	
5	仪表使用	用万用表测量电压	1. 万用表不会使用或使用方法不正确，扣 4 分； 2. 不会读数，扣 2 分	4	

续表

序号	项目	内容	评分标准	配分	得分
6	否定项	否定项说明	出现以下情况之一，该题记为零分： 1. 接线原理错误； 2. 电路出现短路或损坏设备等故障； 3. 功能不能完全实现； 4. 在操作过程中出现安全事故		
合计				40	

任务 5.3 安装电机点动与自锁混合控制电路

5.3.1 电机点动与自锁混合控制电路原理

混合控制

在生产实践中，有的生产机械既要求能连续运行，又要求能点动控制。实现这种工艺要求需要将点动控制电路与自锁控制电路相结合，如图 5-14 所示，与自锁控制电路相比，控制回路中增加了一个复合按钮 SB3。

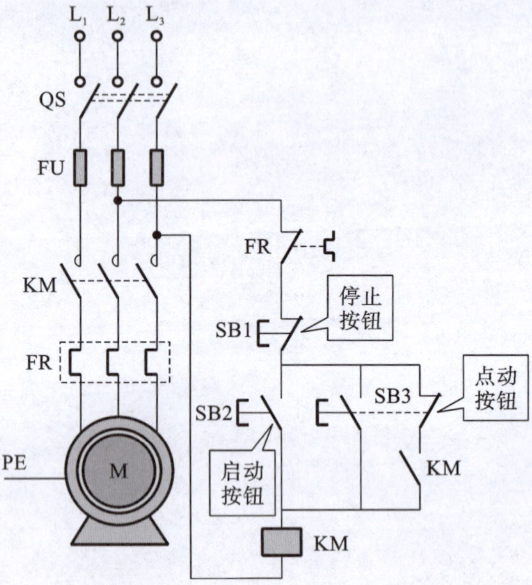

图 5-14 点动与自锁混合控制电路图

点动控制时，按下 SB3，其中的常闭触点断开自锁触点，取消自锁作用；而常开触点闭合使 KM 线圈通电，控制主触点闭合使电动机启动。当松开 SB3 时，KM 线圈断电，主触点断开，电动机停止转动。

若需要电动机长期连续工作，则按下 SB2 即可，停机时需按下停止按钮 SB1。

5.3.2 电机点动与自锁混合控制电路安装

点动与自锁混合控制电路主电路接线如图 5-15 所示。

电机点动与自锁混合控制电路安装步骤如下。

1. 主电路安装

(1) 三根火线 L_1、L_2、L_3 和零线 N 接入 QS 电源隔离开关；

(2) 接入熔断器 FU；

(3) 接入交流接触器 KM 主触点；

(4) 接入热继电器 FR 主触点；

(5) 接入电机。

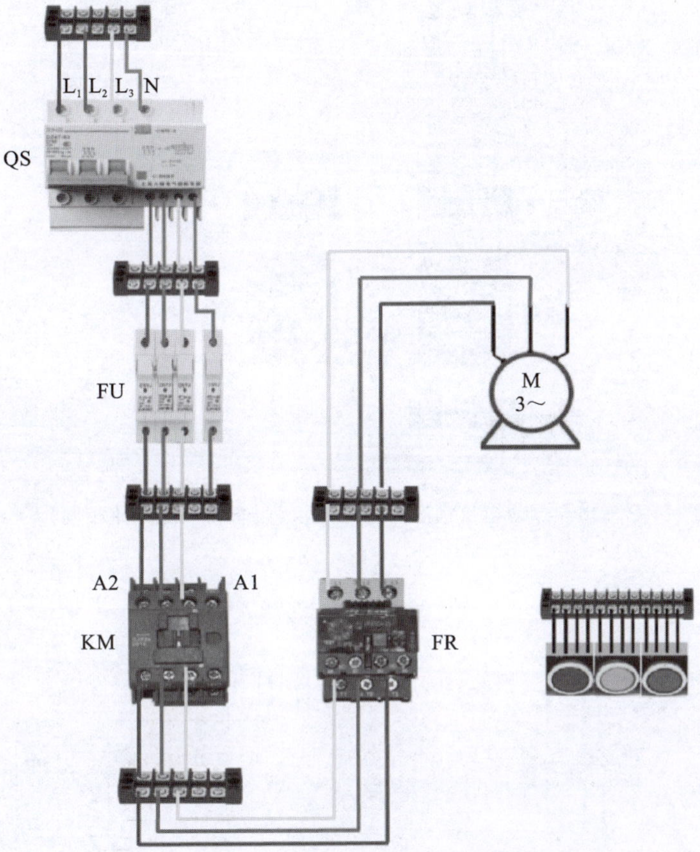

图 5-15　点动与自锁混合主电路图

2. 主电路检测

(1) 将数字万用表调到电阻挡，采用逐条电路检测，以检测 L_1 电路为例(其他 3 条电路类似)，闭合 QS 电源隔离开关；

(2) 将红、黑表笔分别接到 QS 电源隔离开关前第一根线的端子(端子排 1)、连接电机前第一根线的端子(端子排 5)；

(3) 手动按下 KM 交流接触器主触点，能检测到小电阻，如图 5-16 所示。

3. 控制电路安装

(1) 在 L_1 电路的熔断器处外接一条控制电路，此电路首先接入热继电器 FR 常闭辅助触点，再接入开关 SB1 的常闭触点，如图 5-17 所示；

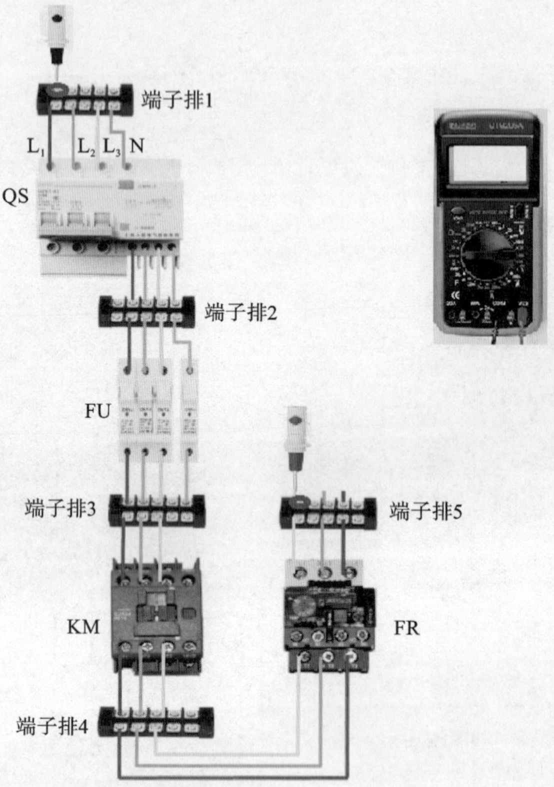

图 5-16　点动与自锁混合主电路检测(与自锁主电路相同)

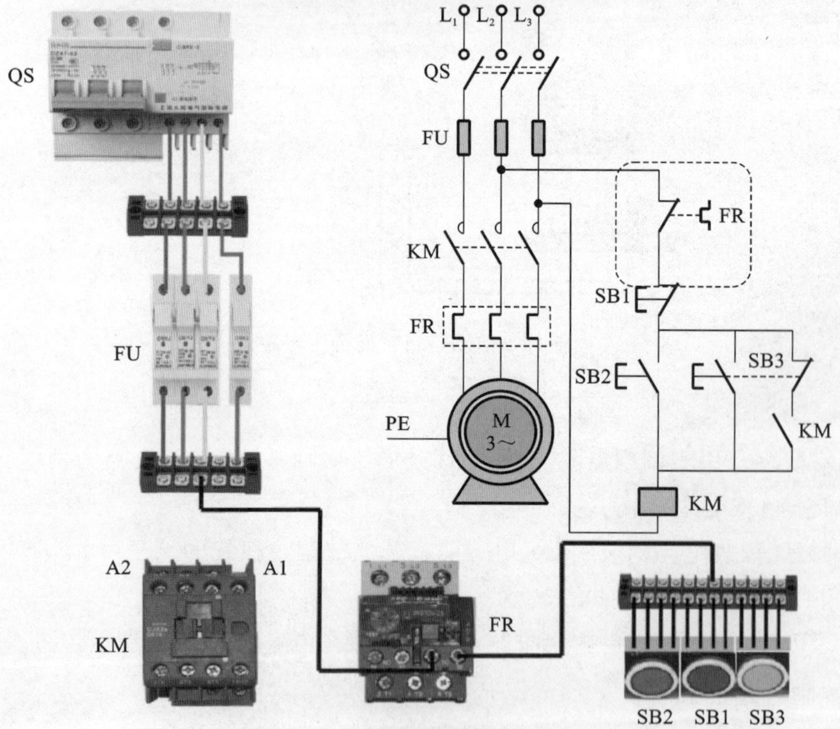

图 5-17　点动与自锁混合控制电路步骤(1)

（2）分别接入 SB3 常开开关和 SB3 常闭开关，其中接 SB3 常闭（3/4 端）开关的电路随后接入 KM 常开辅助触点，如图 5-18 所示；

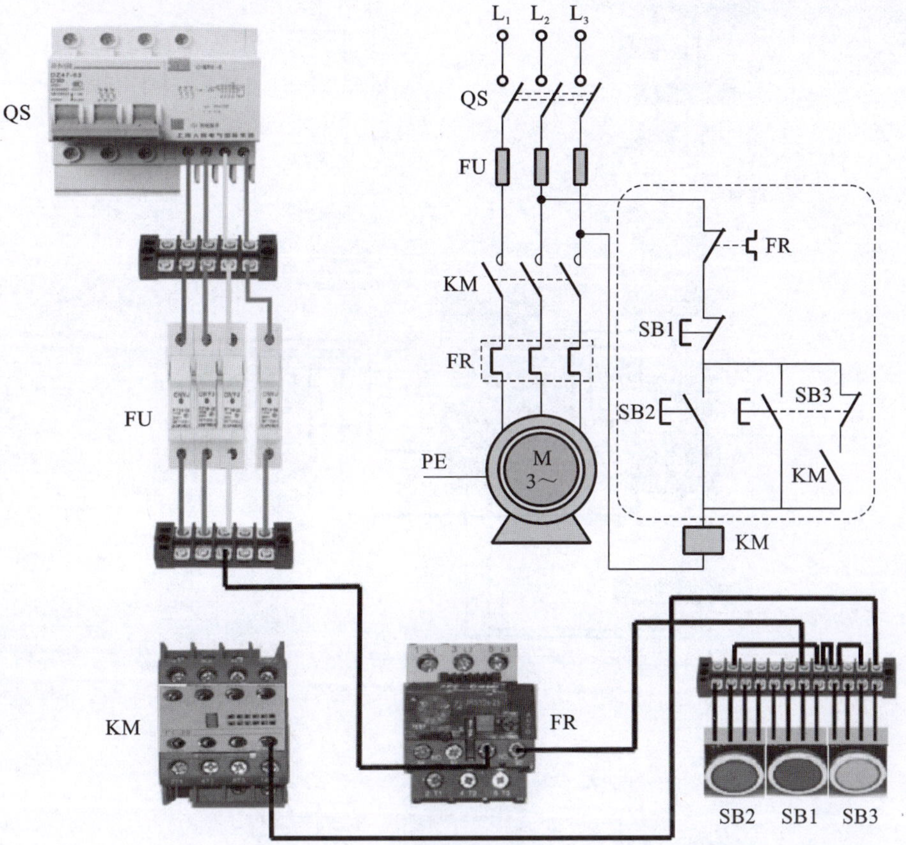

图 5-18　点动与自锁混合控制电路步骤（2）

（3）SB2 常开触点、SB3 常开触点、KM 常开辅助触点分别接入 KM 线圈 A1 端（A1 进 A2 出），从 A2 端接入熔断器 FU，如图 5-19 所示。

4. 控制电路检测

（1）将数字万用表调到电阻挡的 kΩ 挡位；

（2）将红、黑表笔分别接到热继电器 FR 与火线连接的端子 、交流接触器线圈 A2 与火线连接的端子；

（3）按下开关 SB2 能检测到电阻，按住 SB2 不松手，再按 SB1，万用表指针应偏向无穷大方向（电路断开），说明 SB2 启动及 SB1 停止功能正常；

（4）将 KM 按下，然后轻轻地按 SB3 一下，发现电阻无穷大（电路断开），按到底，能检测到电阻，这说明点动功能正常；

（5）手动按下 KM 交流接触器辅助触点（按下后常开触点接通），同样能检测到电阻，这说明自锁正常，如图 5-20 所示。

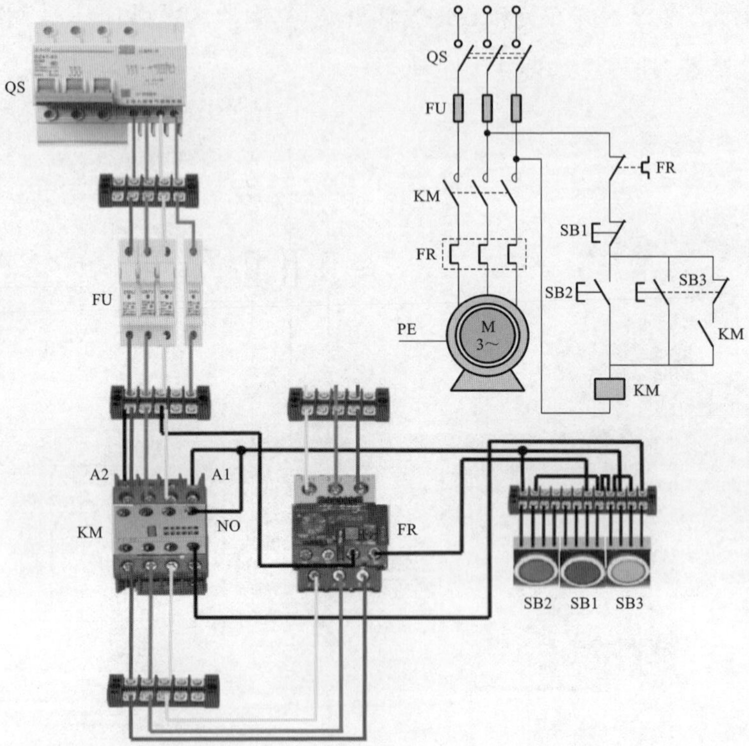

图 5-19　点动与自锁混合电路

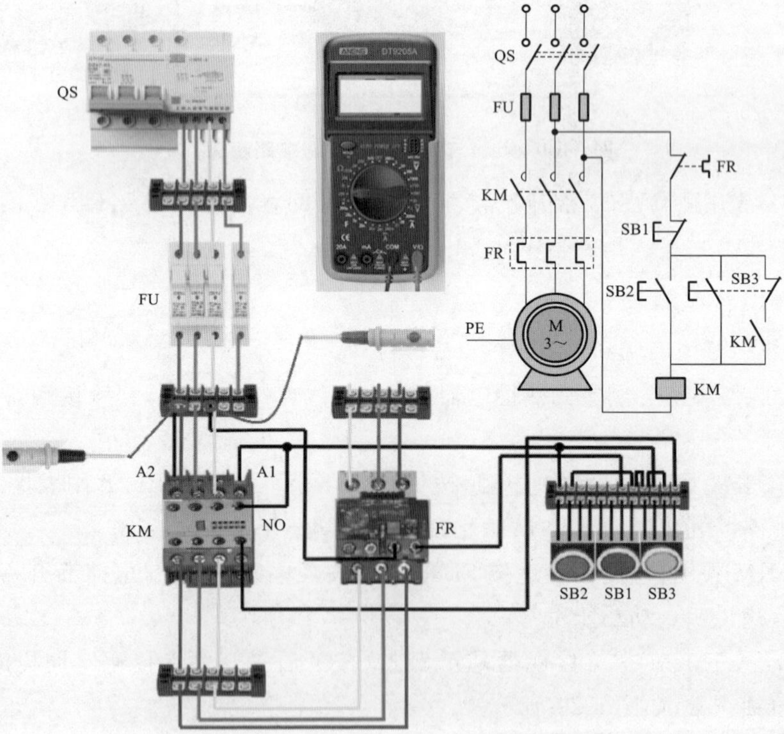

图 5-20　点动与自锁混合副控制电路检测

操作工单 5-3　电机点动与自锁混合控制电路安装

任务名称	电机点动与自锁混合控制电路安装	姓名		班级	
相关器材	低压电工实训台，万用表 1 块，三相异步电动机 1 台，交流接触器（KM）1 个，热继电器（FR）1 个，熔断器（FU）5 个，断路器（QF）1 个，自复位按钮（SB）2 个，复合开关（SB）1 个，按钮盒 1 个，实验接线和接线端子若干				
任务描述	1. 掌握电机点动与自锁混合控制电路原理； 2. 培养安全素养，安装操作前的准备和安全检查； 3. 使用万用表检查电路； 4. 完成电机点动与自锁混合控制电路安装				

（1）画出电机点动与自锁混合控制电路原理图。

（2）安装操作过程的准备和安全检查。

操作前准备和安全检查如表 5-9 所示。

表 5-9　操作前准备和安全检查

序　号	内　容	评分项目	自　评
1	操作前准备	是否正确穿工作服和绝缘鞋	是（　）否（　）
		元器件数量是否准备齐全	是（　）否（　）
2	操作前安全	操作工位台是否存在安全隐患	是（　）否（　）
		绝缘线和元器件是否损坏	是（　）否（　）

（3）根据绘制的原理图进行电机点动与自锁混合控制电路安装。

操作过程注意事项如表 5-10 所示。

表 5-10　操作过程注意事项

序　号	内　容	自　评
1	不能擅自通电	是（　）否（　）
2	接线和用线颜色是否规范	是（　）否（　）
3	是否正确连接地线	是（　）否（　）
4	是否正确连接三相电机	是（　）否（　）
5	启停控制按钮用色是否规范	是（　）否（　）
6	是否少接或漏接元器件（或触头）	是（　）否（　）

（4）电机点动与自锁混合控制电路安装检测。

① 主电路检测过程并记录电阻值。

② 控制电路检测过程并记录电阻值。

（5）根据电机点动与自锁混合控制电路安装自评表（见表 5-12）进行考评并记录扣分

内容，如表5-11所示。

表 5-11 扣分内容记录

序号	扣分内容
扣分项 1	
扣分项 2	
扣分项 3	
扣分项 4	

表 5-12 电机点动与自锁混合控制电路安装自评表

序号	项目	内容	评分标准	配分	得分
1	准备	防护用品穿戴	1.未正确穿工作服，扣1分； 2.未穿绝缘鞋，扣1分	2	
2	操作前安全	安全隐患的检查	1.未检查操作工位及平台上是否存在安全隐患，扣2分； 2.操作平台上若有安全隐患未处置，扣1分； 3.操作平台上的绝缘线或元器件有损坏但未指出，扣2分	4	
3	操作过程安全	安全操作规程	1.未经老师同意，擅自通电，扣5分； 2.通、断电的操作顺序违反安全操作规程，扣5分； 3.刀闸(或断路器)操作不规范，扣3分； 4.在操作过程中，有不安全行为，扣3分	11	
		安全操作技术	1. 少接或漏接()个元器件(或触头)，扣5分； 2. 熔断器、断路器、热继电器进出线接线不规范，每处扣3分； 3. 启停控制按钮用色不规范，扣5分； 4. 绝缘线用色不规范，扣5分； 5. 未正确连接PE线，扣3分； 6. 电路中接线不合理、不规范，扣2分； 7. 未正确连接三相负载，扣3分； 8. 工具使用不熟练或不规范，扣2分	16	
4	操作后的安全	操作完毕作业现场安全检查	1. 操作工位未清理、不整洁，扣2分； 2. 工具及仪表摆放不规范，扣1分； 3. 损坏元器件，扣1分	3	

续表

序号	项目	内容	评分标准	配分	得分
5	仪表使用	用万用表测量电压	1.万用表不会使用或使用方法不正确，扣4分； 2.不会读数，扣2分	4	
6	否定项	否定项说明	出现以下情况之一，该题记为零分： 1. 接线原理错误； 2. 电路出现短路或损坏设备等故障； 3. 功能不能完全实现； 4. 在操作过程中出现安全事故		
合计				40	

任务5.4　安装电机非直接换向的正反转控制电路

5.4.1　电机非直接换向的正反转控制电路原理

非直接换向的正反转控制

前面3个项目的电路只能使电动机朝一个方向旋转，带动生产机械的运动部件向一个方向运动。在生产实践中，往往要求生产机械能实现上下、左右、前后的正反两个方向的运动，比如起重机的上升和下降等。如何实现电机正反转呢？

要改变电机的转向，需要改变旋转磁场的转向，而旋转磁场的方向取决于接入的三相交流电源的相序。在电气控制电路中，可以利用交流接触器改变接入电源的相序从而改变电机的转向（如图5-21中的 L_1 和 L_3 交换）。

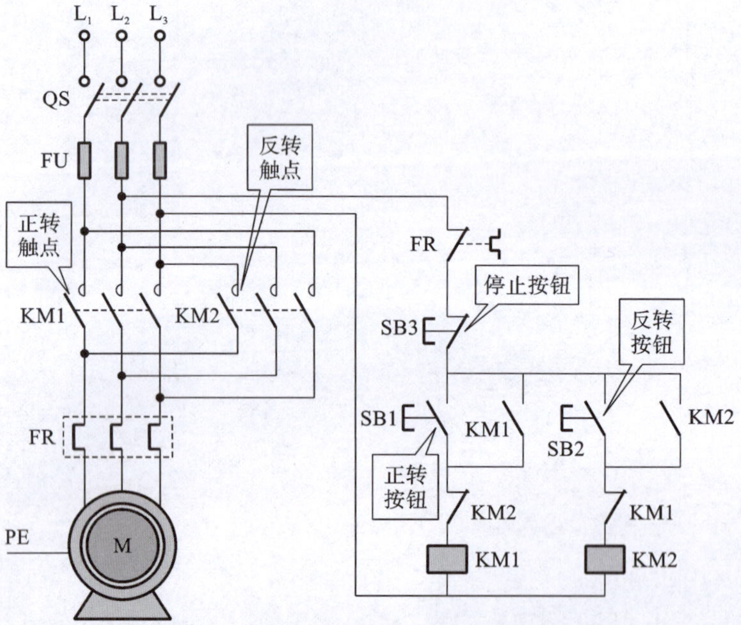

图5-21　非直接换向的正反转控制电路

采用接触器实现的电动机的正、反转控制电路，图中使用了两个交流接触器KM1和KM2，分别由正转按钮SB1和反转按钮SB2控制。其中，KM1控制电动机M的正转，KM2控制电动机M的反转。从主电路图中可以看出，KM1和KM2的主触点所接通的电源相序不同，KM1按 L_1—L_2—L_3 的正相序接线，而KM2则按 L_3—L_2—L_1 的逆相序接线。由控制电路可以看出，由按钮SB1和KM1线圈等构成正转控制；按钮SB2和KM2线圈等构成反转控制。

为了避免两个接触器KM1和KM2同时得电动作，在正反转控制电路中设置了互锁环节。互锁实现是将其中一个接触器的辅助常闭触点串入另一个接触器的线圈中，在任何一个接触器先通电后，即使按下相反方向的启动按钮，该接触器也无法通电。这种利用两个接触器的辅助常闭触点互相制约控制的方式，称为电气互锁，起到互锁作用的常闭触点称为互锁触点。

正转：合上开关 QS→如按下 SB1 按钮→正向接触器 KM1 线圈得电→KM1 主触点和自锁触点闭合→电动机 M 正转；同时 KM1 的互锁（常闭）触点分断，对 KM2 实现互锁，使 SB2 失去作用。

反转：此电路中应先按下 SB3→KM1 线圈失电→KM1 主触点和自锁触点分断→电动机 M 失电停转；同时 KM1 的辅助触点恢复闭合，即恢复了 SB2 的反转控制作用。再按下 SB2→反向接触器 KM2 线圈得电→KM2 主触点和自锁触点闭合→电动机 M 反转；同时 KM2 的互锁触点分断，对 KM1 实现互锁，使 SB1 失去作用。

注意事项

由接触器互锁实现的电动机的正反转控制电路，优点是工作安全可靠，缺点是操作不便，当电动机由正转切到反转，或者是反转切到正转的时候，都必须按下停止按钮，才能反向启动，这对需要频繁改变电动机转向的操作非常不方便。

5.4.2　电机非直接换向的正反转控制电路安装

电机非直接换向的正反转控制电路安装步骤如下。

1. 主电路安装

非直接换向的正反转主电路接线如图 5-22 所示。

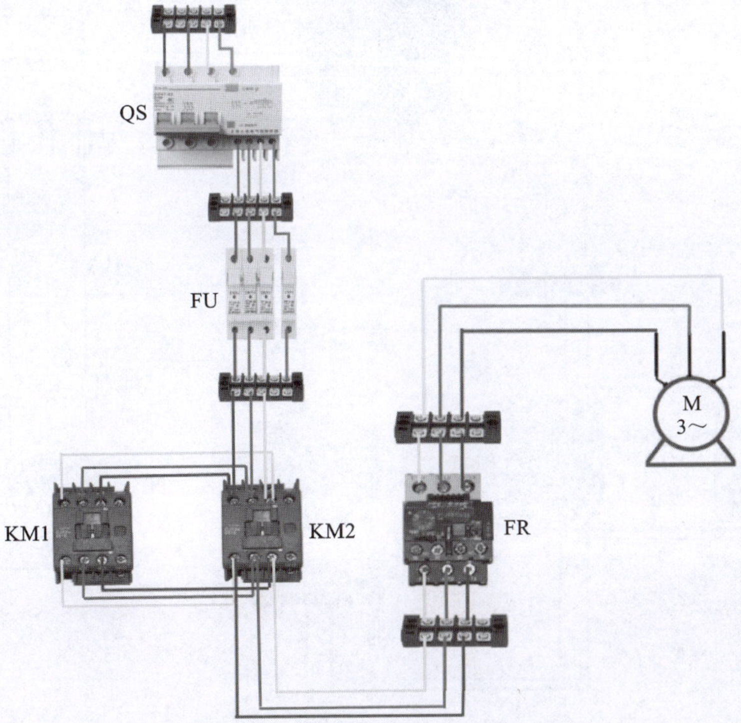

图 5-22　非直接换向的正反转主电路

(1) 三根火线 L_1、L_2、L_3 和零线 N 接入 QS 电源隔离开关；

(2) 接入熔断器 FU；

(3) 接入交流接触器 KM1 主触点；

(4) 交流接触器 KM2 与 KM1 并联，且与 KM1 接线交换任意两相电线，此处交换 L_1 和 L_3，L_2 保持不变(注意仅交换继电器 KM2 进口端两相，出口端不交换，或者交换出口端两相不交换进口端)；

(5) 接入热继电器 FR；

(6) 接入电机。

2. 主电路检测

(1) 将数字万用表调到电阻挡，采用逐条电路检测，以检测 L_1 电路为例(其他 3 条电路类似)，闭合 QS 电源隔离开关；

(2) 将红、黑表笔分别接到 QS 电源隔离开关前第一根线的端子、连接电机前第一根线的端子；

(3) 手动按下 KM 交流接触器主触点，能检测到小电阻，如图 5-23 所示。

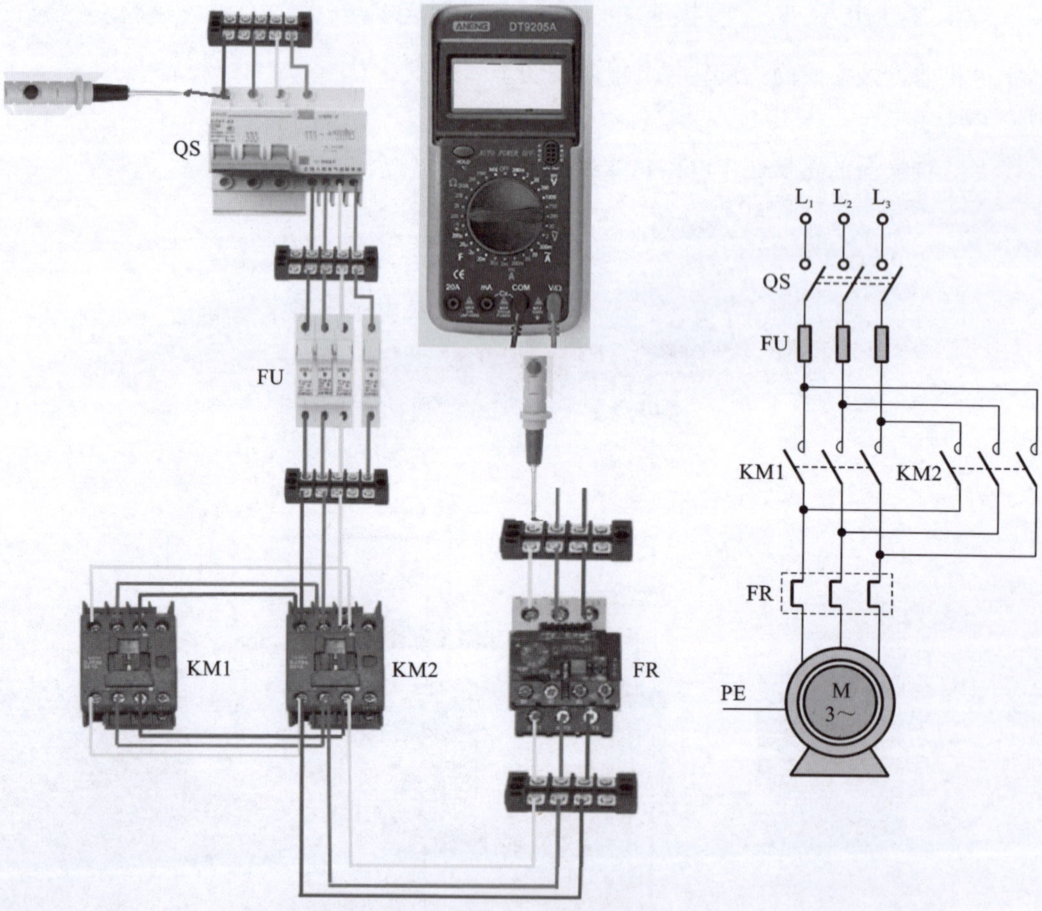

图 5-23 非直接换向的正反转主电路检测

3. 控制电路安装

(1) 在 L_1 电路的熔断器处外接一条控制电路，此电路首先接入热继电器 FR 常闭开关，再接入常闭开关 SB3，如图 5-24 所示；

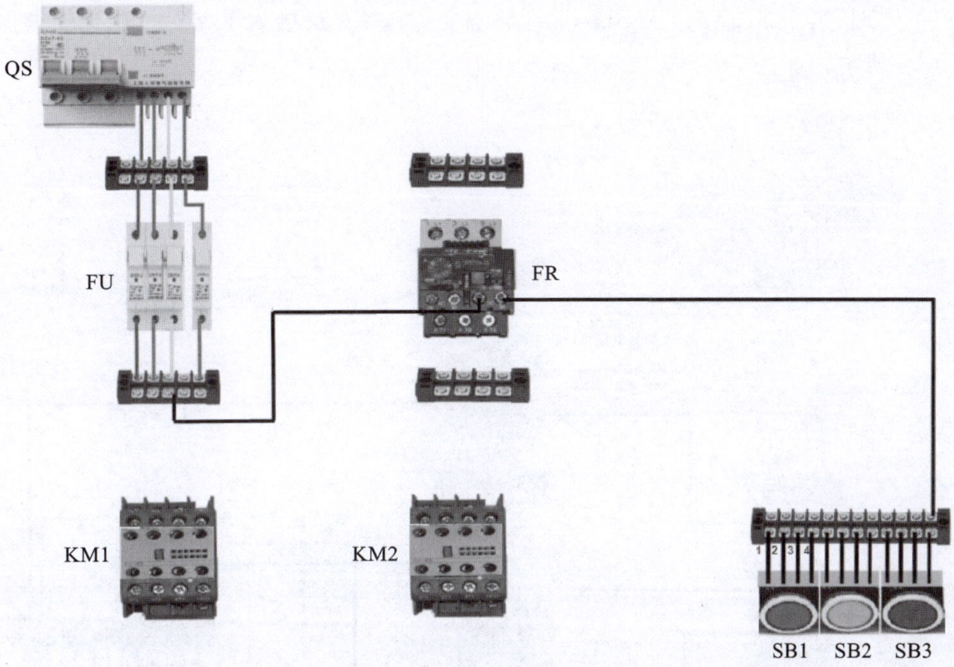

图 5-24　非直接换向的正反转控制电路安装步骤(1)

(2) 接入常闭开关 SB3 后分为 4 条支路，如图 5-25 所示；

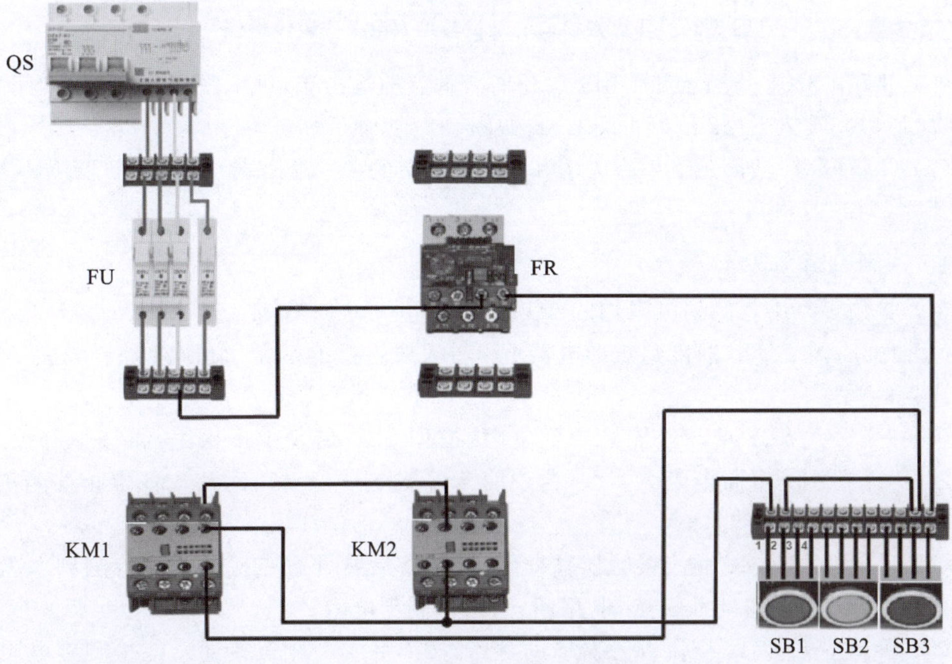

图 5-25　非直接换向的正反转控制电路安装步骤(2)、步骤(3)、步骤(4)

(3) 第 1 条支路接入 SB1 常开触点，第 2 条支路接入 KM1 的常开辅助触点，如图 5-25 所示；

(4) 并联 SB1 常开触点和 KM1 常开辅助触点的输出端，再串联接入 KM2 常闭辅助触点，然后串联接入 KM1 线圈的 A1 端，如图 5-25 所示；

(5) 同理，第 3 条支路接入 SB2 常开触点，第 4 条支路接入 KM2 的常开辅助触点，如图 5-26 所示；

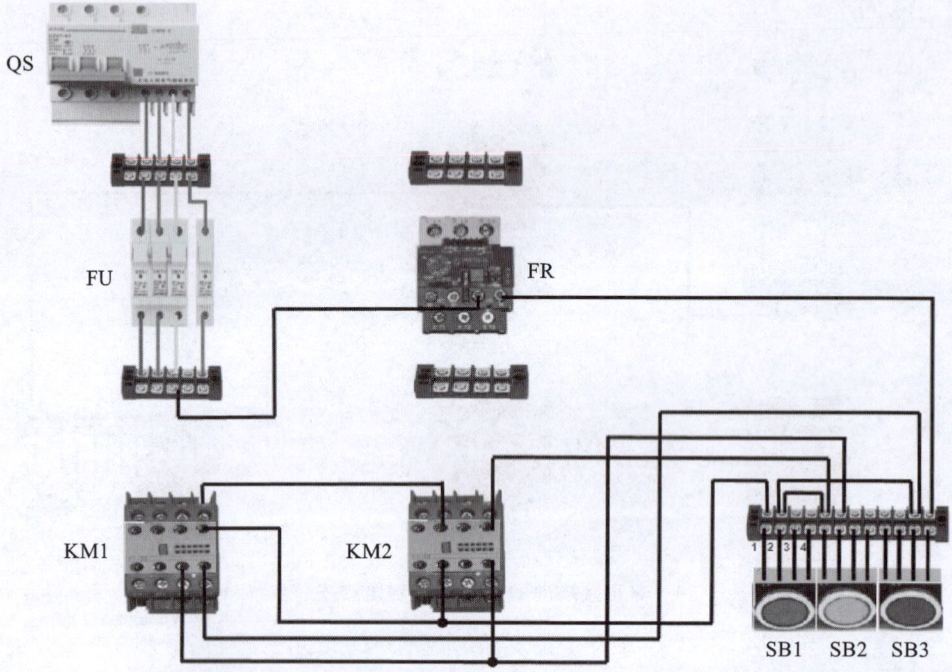

图 5-26　非直接换向的正反转控制电路安装步骤(5)

(6) 并联 SB2 常开触点和 KM2 常开辅助触点的输出端，再串联接入 KM1 常闭辅助触点，然后串联接入 KM2 线圈的 A1 端，如图 5-27 所示；

(7) 并联 KM1 线圈的 A2 输出端和 KM2 线圈的 A2 输出端，接入熔断器 FU，如图 5-28 所示。

4. 控制电路检测

(1) 将数字万用表调到电阻挡的 kΩ 挡位；

(2) 将红、黑表笔分别接到热继电器 FR 与火线连接的端子、交流接触器线圈 A2 与火线连接的端子；

(3)按下开关 SB1 或 SB2 能检测到电阻，按住 SB2 或 SB1 不松手，再按下开关 SB1 电路断开，未检测到电阻电阻无穷大，这说明 SB2 或 SB1 启动功能及 SB3 停止功能正常，互锁功能也正常；

(4) 手动按下 KM1 交流接触器辅助触点(按下后常开触点接通)，能检测到电阻，再松开 KM1 交流接触器辅助触点，电路断开，未检测到电阻；

(5) 手动按下 KM2 交流接触器辅助触点(按下后常开触点接通)，能检测到电阻，再松开 KM2 交流接触器辅助触点，电路断开，未检测到小电阻，如图 5-29 所示。

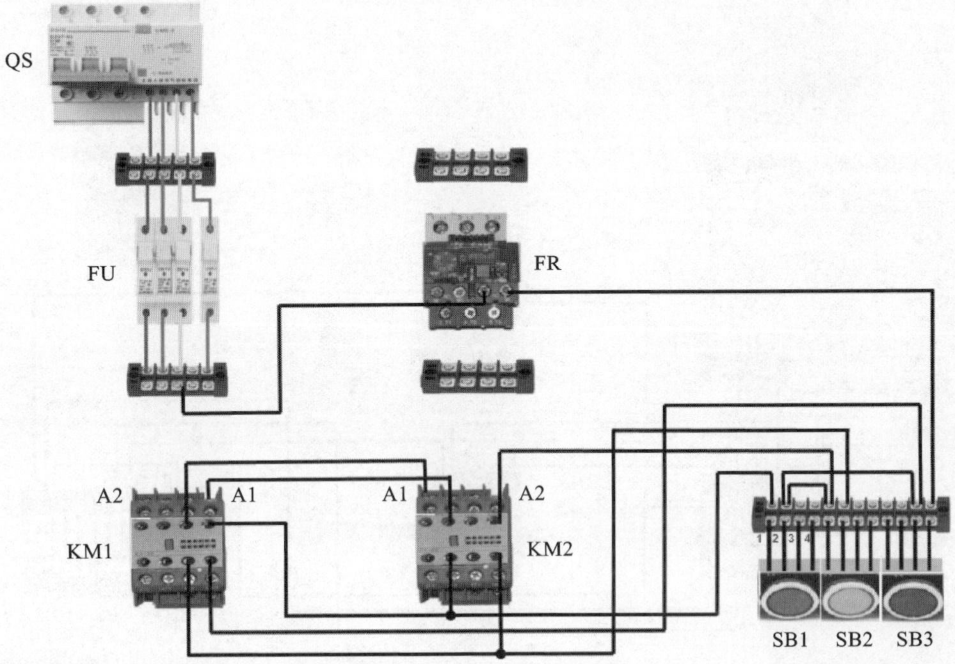

图 5-27　非直接换向的正反转控制电路安装步骤(6)

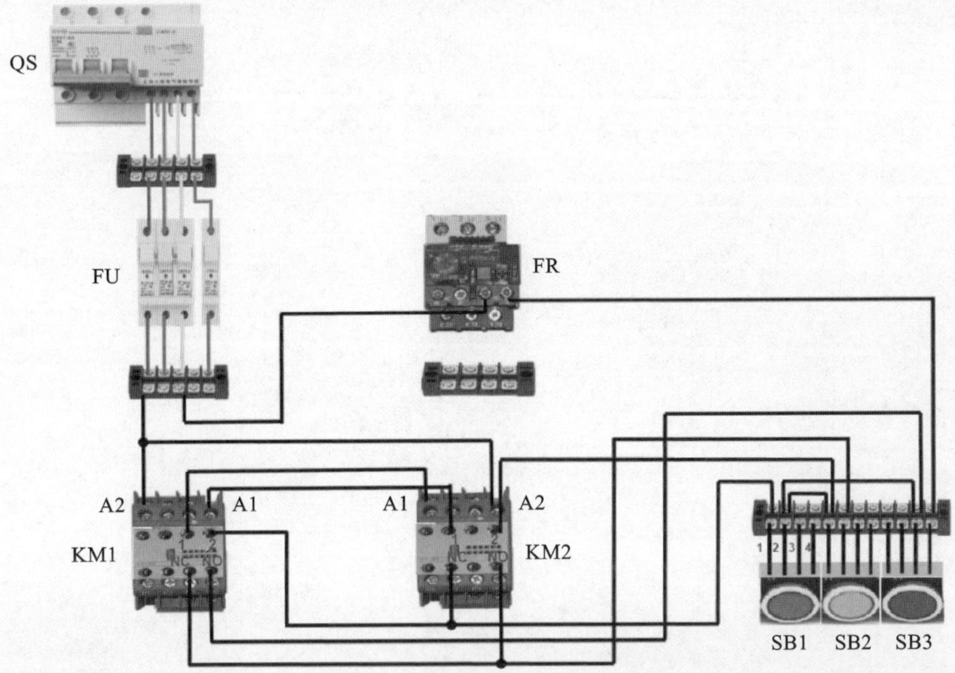

图 5-28　非直接换向的正反转控制电路安装步骤(7)

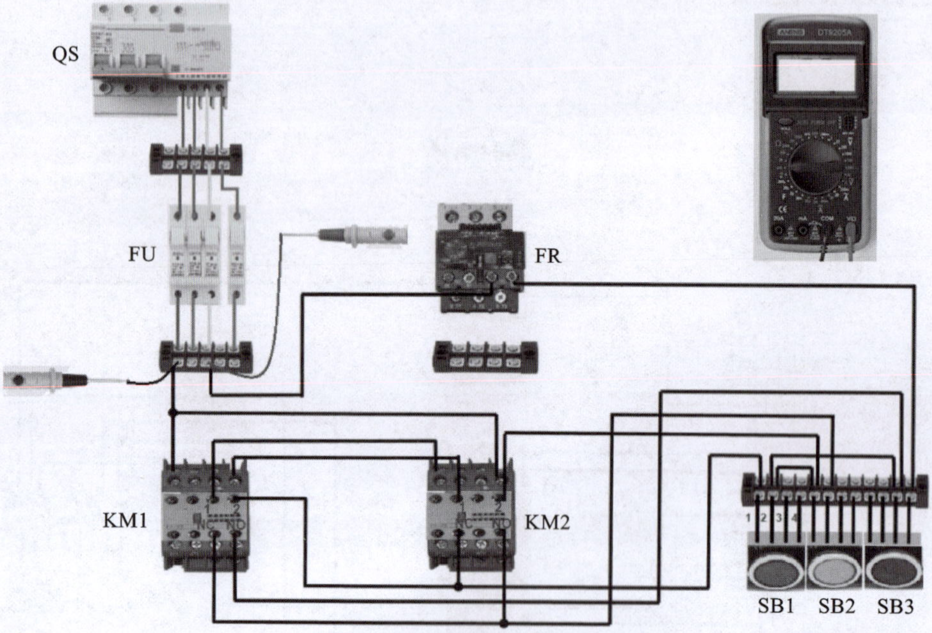

图 5-29　非直接换向的正反转控制电路检测

注意事项

主线路中，交流接触器 KM2 与 KM1 仅需进口端两相交换，出口端不交换，或者交换出口端两相而不交换进口端。

操作工单 5-4　电机非直接换向的正反转控制电路安装

任务名称	电机非直接换向的正反转控制电路安装	姓名		班级	
相关器材	低压电工实训台，万用表 1 块，三相异步电动机 1 台，交流接触器(KM)2 个，热继电器(FR)1 个，熔断器(FU)5 个，断路器(QF)1 个，自复位按钮(SB)3 个，按钮盒 1 个，实验接线和接线端子若干				
任务描述	1. 掌握电机非直接换向的正反转控制电路原理； 2. 培养安全素养，安装操作前的准备和安全检查； 3. 使用万用表检查电路； 4. 完成电机非直接换向的正反转控制电路安装				

(1) 画出电机非直接换向的正反转控制电路原理图。

(2) 安装操作过程的准备和安全检查。

操作前准备和安全检查如表 5-13 所示。

表 5-13　操作前准备和安全检查

序　　号	内　　容	评 分 项 目	自　　评
1	操作前准备	是否正确穿工作服和绝缘鞋	是(　)否(　)
		元器件数量是否准备齐全	是(　)否(　)
2	操作前安全	操作工位台是否存在安全隐患	是(　)否(　)
		绝缘线和元器件是否损坏	是(　)否(　)

(3) 据绘制的原理图进行电机非直接换向的正反转控制电路安装。

操作过程注意事项如表 5-14 所示。

表 5-14　操作过程注意事项

序　　号	内　　容	自　　评
1	不能擅自通电	是(　)否(　)
2	接线和用线颜色是否规范	是(　)否(　)
3	是否正确连接地线	是(　)否(　)
4	是否正确连接三相电机	是(　)否(　)
5	启停控制按钮用色是否规范	是(　)否(　)
6	是否少接或漏接元器件(或触头)	是(　)否(　)

(4) 电机非直接换向的正反转控制电路安装检测。

① 主电路检测过程并记录电阻值。

② 控制电路检测过程并记录电阻值。

(5) 根据电机非直接换向的正反转控制电路安装自评表(见表5-16)进行考评并记录扣分内容,如表5-15所示。

表5-15　扣分内容记录

序　号	扣分内容
扣分项1	
扣分项2	
扣分项3	
扣分项4	

表5-16　电机非直接换向的正反转控制电路安装自评表

序号	项目	内容	评分标准	配分	得分
1	操作前准备	防护用品的正确穿戴	1. 未正确穿工作服,扣1分; 2. 未穿绝缘鞋,扣1分	2	
2	操作前安全	安全隐患的检查	1. 未检查操作工位及平台上是否存在安全隐患,扣2分; 2. 操作平台上的安全隐患未处置,扣1分; 3. 未指出操作平台上的绝缘线破损或元器件损坏,扣2分	4	
3	操作过程安全	安全操作规程	1. 未经考评员同意,擅自通电,扣5分; 2. 通、断电的操作顺序违反安全操作规程,扣5分; 3. 刀闸(或断路器)操作不规范,扣3分; 4. 考生在操作过程中,有不安全行为,扣3分	11	
		安全操作技术	1. 少接或漏接()个元器件(或触头),扣5分; 2. 熔断器、断路器、热继电器进出线接线不规范,每处扣3分; 3. 启停控制按钮用色不规范,扣5分; 4. 绝缘线用色不规范,扣5分; 5. 未正确连接PE线,扣3分; 6. 电路板中的接线不合理、不规范,扣2分; 7. 未正确连接三相负载,扣3分; 8. 工具使用不熟练或不规范,扣2分	16	
4	操作后的安全	操作完毕作业现场安全检查	1. 操作工位未清理、不整洁,扣2分; 2. 工具及仪表摆放不规范,扣1分; 3. 损坏元器件,扣1分	3	

续表

序号	项目	内容	评分标准	配分	得分
5	仪表使用	用万用表测量电压	1.万用表不会使用的或使用方法不正确，扣4分； 2.不会读数，扣2分	4	
6	否定项	否定项说明	出现以下情况之一，该题记为零分： 1. 接线原理错误； 2. 电路出现短路或损坏设备等故障； 3. 功能不能完全实现； 4. 在操作过程中出现安全事故		
合计				40	

任务 5.5 安装电机直接换向的正反转控制电路

5.5.1 电机直接换向的正反转控制电路原理

直接换向的正反转控制

由于非直接换向的正反转控制电路在换向时必须按下停止按钮，然后才能反向启动，这对需要频繁改变电动机转向的操作非常不方便。为了实现从电动机正转直接切换到反转，在此基础上增加按钮（机械）互锁，构成复合按钮和接触器双重互锁的正反转控制电路，如图 5-30 所示。利用按钮的机械互锁，可以不按停止按钮，正转时可以直接安装反转按钮实现反转，反转时同样可以按正转按钮实现正转。

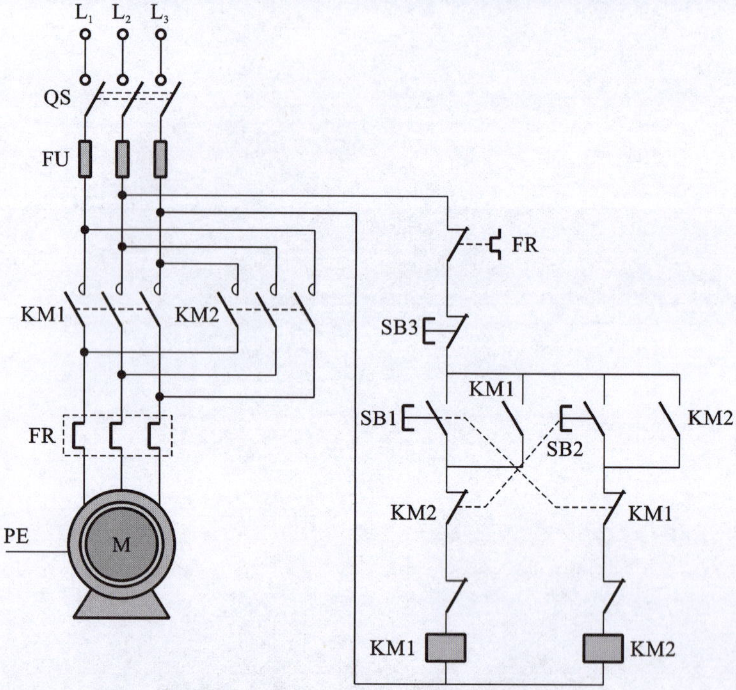

图 5-30　直接换向的正反转控制电路图

5.5.2 电机直接换向的正反转控制电路安装

电机直接换向的正反转控制电路安装步骤如下。

1. 主电路安装

直接换向的正反转主电路接线如图 5-31 所示。

(1) 三根火线 L_1、L_2、L_3 和零线 N 接入 QS 电源隔离开关；

(2) 接入熔断器 FU；

(3) 接入交流接触器 KM1 主触点；

(4) 交流接触器 KM2 与 KM1 并联，且与 KM1 接线交换任意两相电线，此处交换 L_1 和 L_3，L_2 保持不变；

(5) 接入热继电器 FR；

(6) 接入电机。

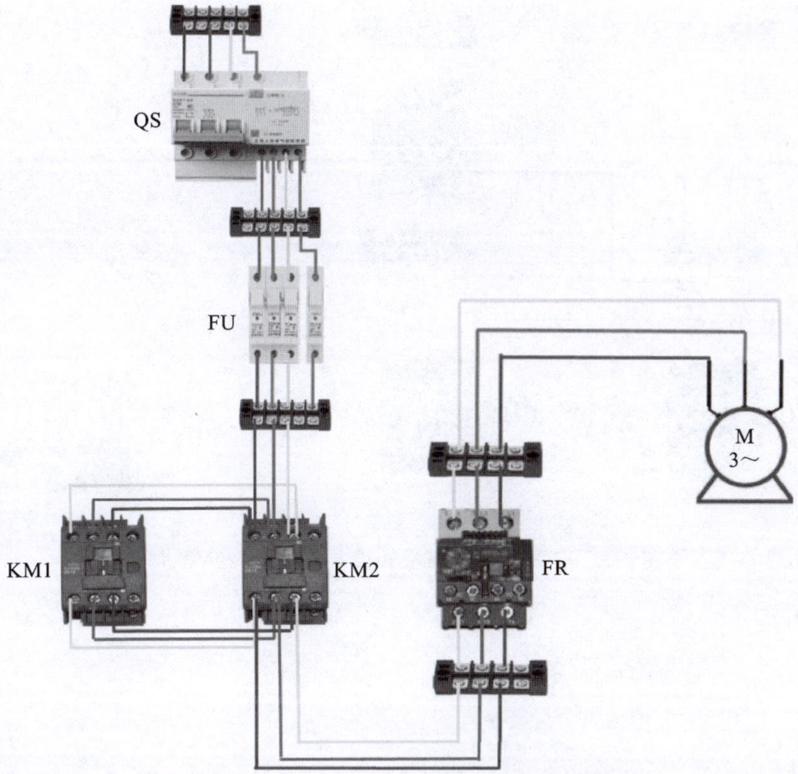

图 5-31　直接换向的正反转主电路接线图

2. 控制电路安装

(1)在 L_1 电路中熔断器处外接一条控制电路，此电路首先接入热继电器 FR 常闭触点，再接入常闭开关 SB3 后分为 4 条支路，如图 5-32 所示；

(2)第 1 条支路接入 SB1 常开触点，第 2 条支路接入 KM1 的常开辅助触点，然后这两条支路的输出端并联，如图 5-33 所示；

(3)第 1、2 条支路并联后，依次串联 SB2 常闭触点、KM2 常闭辅助触点、KM1 线圈的 A1 端，如图 5-33 所示；

(4) 同以上步骤(2)和步骤(3)，第 3 条支路接入 SB2 常开触点，第 4 条支路接入 KM2 常开辅助触点，然后并联这两条支路的输出端，如图 5-34 所示；

(5)第 3、4 条支路并联后，依次串联 SB1 常闭触点、KM1 常闭辅助触点、KM2 线圈的 A1 端，如图 5-34 所示；

(6) 并联 KM1 线圈的输出端 A2 和 KM2 线圈的输出端 A2，接入熔断器 FU，如图 5-35 所示。

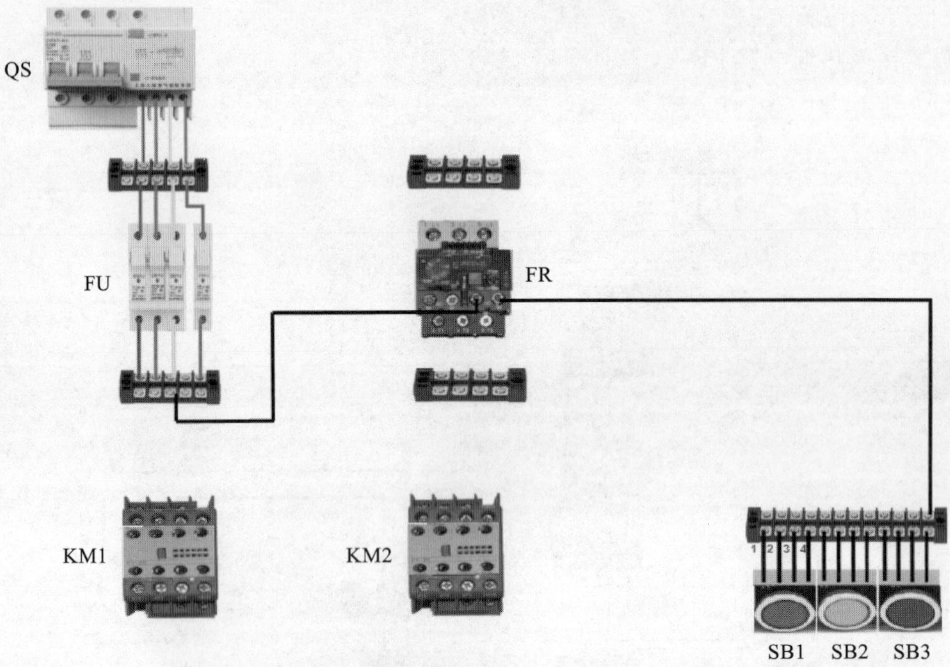

图 5-32　直接换向的正反转控制电路安装步骤(1)

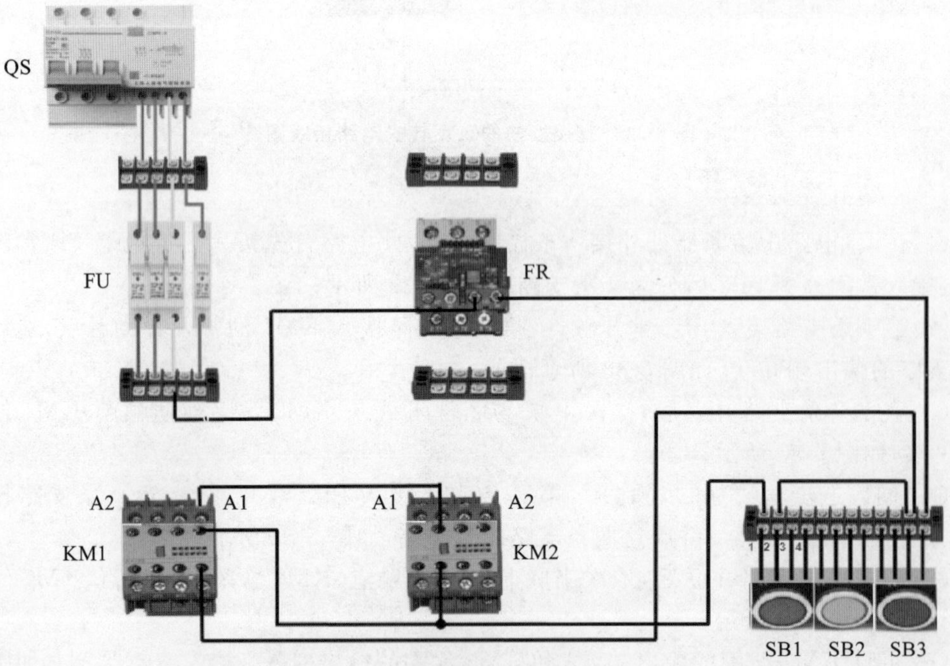

图 5-33　直接换向的正反转控制电路安装步骤(2)、步骤(3)

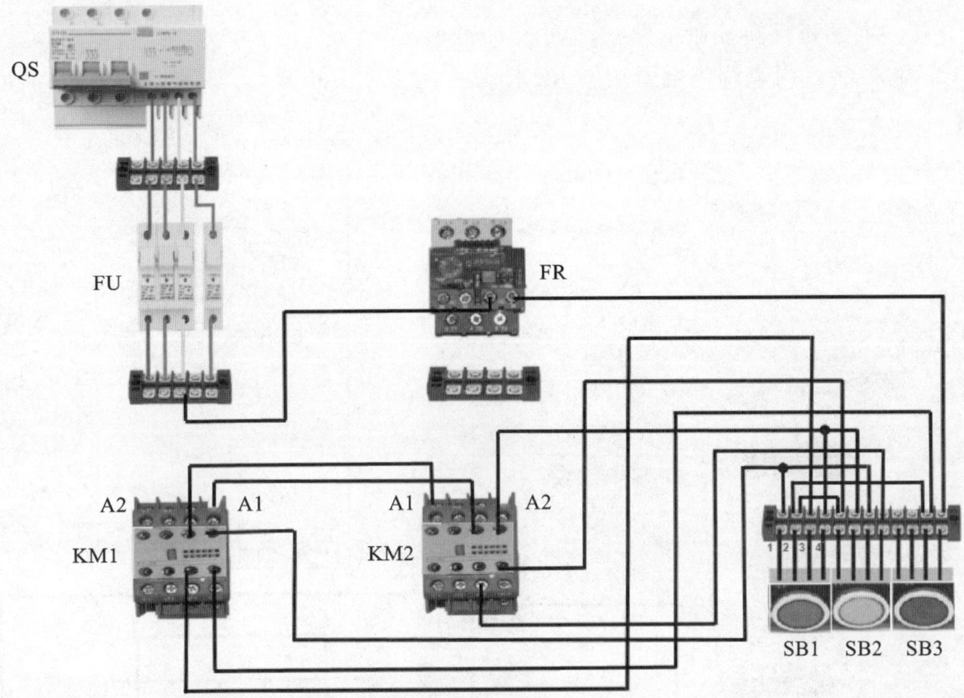

图 5-34　直接换向的正反转控制电路安装步骤(4)、步骤(5)

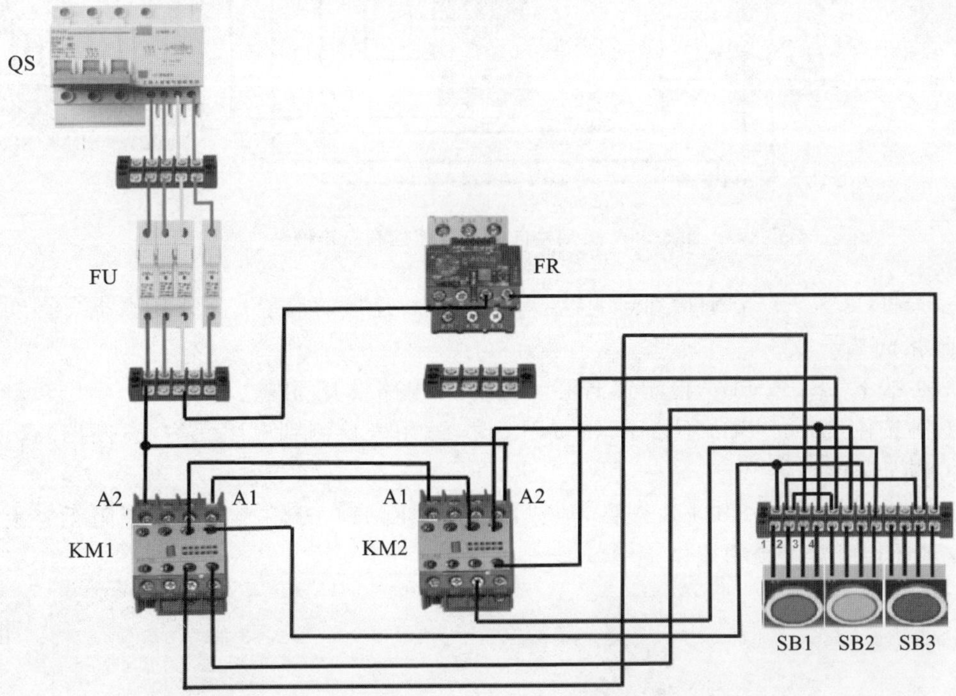

图 5-35　直接换向的正反转控制电路安装步骤(6)

3. 控制电路检测

直接换向的正反转控制电路检测如图 5-36 所示。

(1) 将数字万用表调到电阻挡的 kΩ 挡位；

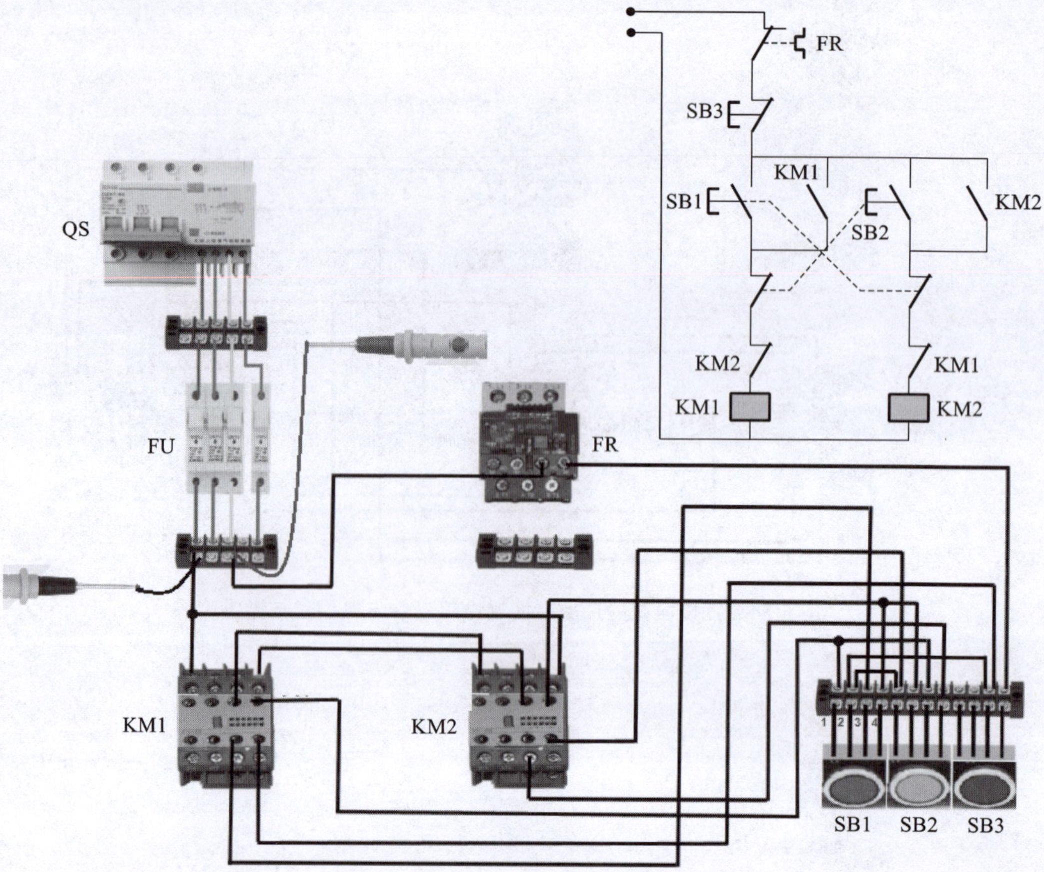

图 5-36 直接换向的正反转控制电路检测

(2) 将红、黑表笔分别接到热继电器 FR 与火线连接的端子 、交流接触器线圈 A2 与火线连接的端子；

(3) 按下 SB1 或 SB2，检测到电阻，说明启动电路没有问题。

(4) 按住 SB1 或 SB2 不松手，再按下 SB3，万用表检测到电阻无穷大(断路)这说明停止功能正常。

(5) 按住 SB1(或 SB2)不松手，再按 KM2(或 KM1)，万用表检测到电阻无穷大(断路)这说明接触器互锁功能也正常。

操作工单 5-5　电机直接换向的正反转控制电路安装

任务名称	电机直接换向的正反转控制电路安装	姓名		班级	
相关器材	低压电工实训台，万用表 1 块，三相异步电动机 1 台，交流接触器(KM)2 个，热继电器(FR)1 个，熔断器(FU)5 个，断路器(QF)1 个，自复位按钮(SB)1 个，复合按钮(SB)2 个，按钮盒 1 个，实验接线和接线端子若干				
任务描述	1. 掌握电机直接换向的正反转控制电路原理； 2. 培养安全素养，安装操作前的准备和安全检查； 3. 使用万用表检查电路； 4. 完成电机直接换向的正反转控制电路安装				

(1) 画出电机直接换向的正反转控制电路原理图。

(2) 安装操作过程的准备和安全检查。

操作前准备和安全检查如表 5-17 所示。

表 5-17　操作前准备和安全检查

序　号	内　容	评分项目	自　评
1	操作前准备	是否正确穿工作服和绝缘鞋	是(　)否(　)
		元器件数量是否准备齐全	是(　)否(　)
2	操作前安全	操作工位台是否存在安全隐患	是(　)否(　)
		绝缘线和元器件是否损坏	是(　)否(　)

(3) 根据绘制的原理图进行电机直接换向的正反转控制电路安装。

操作过程注意事项如表 5-18 所示。

表 5-18　操作过程注意事项

序　号	内　容	自　评
1	不能擅自通电	是(　)否(　)
2	接线和用线颜色是否规范	是(　)否(　)
3	是否正确连接地线	是(　)否(　)
4	是否正确连接三相电机	是(　)否(　)
5	启停控制按钮用色是否规范	是(　)否(　)
6	是否少接或漏接元器件(或触头)	是(　)否(　)

(4) 电机直接换向的正反转控制电路安装检测。

① 主电路检测过程并记录电阻值。

② 控制电路检测过程并记录电阻值。

(5) 根据电机直接换向的正反转控制电路安装自评表(见表 5-20)进行考评并记录扣分内容,如表 5-19 所示。

表 5-19　扣分内容记录

序　　号	扣 分 内 容
扣分项 1	
扣分项 2	
扣分项 3	
扣分项 4	

表 5-20　电机直接换向的正反转控制电路安装自评表

序号	项目	内容	评分标准	配分	得分
1	操作前准备	防护用品的正确穿戴	1. 未正确穿工作服,扣 1 分; 2. 未穿绝缘鞋,扣 1 分	2	
2	操作前安全	安全隐患的检查	1. 未检查操作工位及平台上是否存在安全隐患,扣 2 分; 2. 操作平台上的安全隐患未处置,扣 1 分; 3. 未指出操作平台上的绝缘线破损或元器件损坏,扣 2 分	4	
3	操作过程安全	安全操作规程	1. 未经考评员同意,擅自通电,扣 5 分; 2. 通、断电的操作顺序违反安全操作规程,扣 5 分; 3. 刀闸(或断路器)操作不规范,扣 3 分; 4. 考生在操作过程中,有不安全行为,扣 3 分	11	
		安全操作技术	1. 少接或漏接()个元器件(或触头),扣 5 分; 2. 熔断器、断路器、热继电器进出线接线不规范,每处扣 3 分; 3. 启停控制按钮用色不规范,扣 5 分; 4. 绝缘线用色不规范,扣 5 分; 5. 未正确连接 PE 线,扣 3 分; 6. 电路板中的接线不合理、不规范,扣 2 分; 7. 未正确连接三相负载,扣 3 分; 8. 工具使用不熟练或不规范,扣 2 分	16	

续表

序号	项目	内容	评分标准	配分	得分
4	操作后的安全	操作完毕作业现场安全检查	1. 操作工位未清理、不整洁，扣 2 分； 2. 工具及仪表摆放不规范，扣 1 分； 3. 损坏元器件，扣 1 分	3	
5	仪表使用	用万用表测量电压	1. 万用表不会使用的或使用方法不正确，扣 4 分； 2. 不会读数，扣 2 分	4	
6	否定项	否定项说明	出现以下情况之一，该题记为零分： 1. 接线原理错误； 2. 电路出现短路或损坏设备等故障； 3. 功能不能完全实现； 4. 在操作过程中出现安全事故		
合计				40	

项目六　安装照明线路

项目描述

照明线路是一种被广泛应用于日常生产和生活的电路。因此，照明线路的安装与维护是低压电工技术人员必须掌握的基本技能。

本项目通过对白炽灯、单相电能表、三相电能表的介绍，通过模块化项目的方式，学习白炽灯、单双联开关及单相电能表、三相电能表的连接方法，并能够根据电路图在相应的实训板上完成基础的照明电路连接方法。在连接过程中，培养学生熟练掌握连接规范，以及提高相应的故障诊断、分析与排除的能力。

项目目标

知识目标：

掌握白炽灯的结构及相关参数含义；

掌握单向电能表、三相电能表的结构；

掌握单向电能表带照明灯的电路图；

掌握间接式三相四线制有功电能表的电路图。

能力目标：

掌握白炽灯的接线方法；

掌握单向电能表带照明灯的接线方法；

掌握间接式三相四线制有功电能表的接线方法；

掌握电路检测方法。

素质目标：

培养诚实守信、敢于担当的职业精神；

培养秉承工匠精神，务实求精的宝贵品质。

海尔“砸冰箱”事件

1985 年，海尔集团张瑞敏收到投诉信，说海尔冰箱质量有问题。张瑞敏去厂里检查，发现 76 台不合格的冰箱。员工建议内部消化，但张瑞敏坚决反对，砸了不合格的冰箱，还带头扣除当月的工资，作为警戒。张瑞敏“砸冰箱事件”轰动全国，对海尔的员工也有很大的震撼，他们意识到必须生产有质量保证的商品。海尔集团借此机会告诉大众，海尔生产的商品是有质量保证的，不会出售不合格的商品。自此，海尔有了良好的信誉，凭借这，海尔的销售量快速增长，利润也增加了。海尔后来抓住国有企业转型，以及加入 WTO 后中国市场开放的契机，一举成为全球五百强企业。综上所述，一个企业诚信执业，就有可能越来越兴旺。

任务 6.1　安装白炽灯及单双联照明电路

6.1.1　白炽灯的介绍

白炽灯也叫电灯泡，简称“灯泡”，是一种家庭常见的照明电器。灯泡通常由灯丝、玻璃壳和灯座三部分组成。灯泡的工作电压有六个等级，包括 6 V、12 V、24 V、36 V、110 V 和 220 V 六种，其中工作电压在人体安全电压之下的灯泡为安全灯泡，即 36 V 以下的灯泡为安全灯泡。必须注意的是，灯泡的工作电压必须与线路电压保持一致。灯泡的组成如图 6-1 所示。

白炽灯

灯座按接口不同可分为螺口灯座和插口灯座两种，按使用方式不同又可分为平灯座和吊灯座。顾名思义，平灯座是灯泡放置在桌面照明时使用的灯座，而吊灯座是将灯泡置于屋顶照明时使用的灯座。虽然灯泡无正负之分，但日常生活中灯泡与灯座的连接是有规范的，如图 6-2 所示。

图 6-1　灯泡的组成

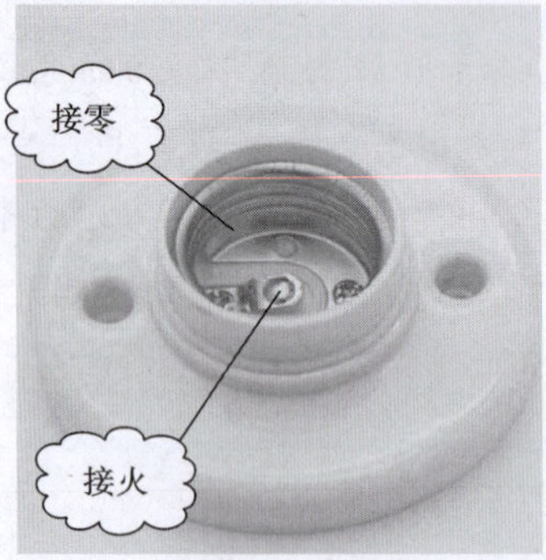

(a) 螺纹口吊灯座

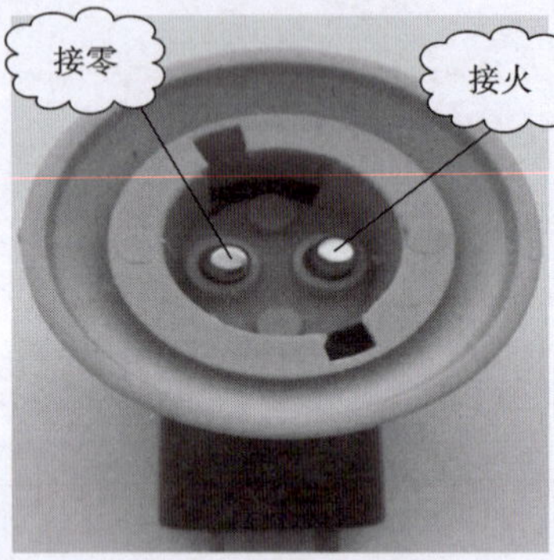

(b) 烟斗型插口灯座

图 6-2　常见的灯座及连接规范

注意事项

1. 螺口灯头接线要求

(1) 相线应该接在灯座的中心触点的端子上，零线应接在灯座的螺纹端子上。

(2) 检查灯座的绝缘外壳，绝缘外壳上不应破损和漏电。

(3) 灯泡与灯座连接完成后，灯泡螺纹部分不应裸露在外面。

2. 灯泡接线的注意事项

针对前面提到的螺纹口灯座的接线规范，下面进行说明。灯泡在安装接线的过程中，有以下几种接法，如图 6-3 所示。

(1) 错误接法 1：相线不接开关，接在螺纹处(见图 6-3(a))。这种接线方法，无论是否闭合开关，螺纹裸露部分总是带电，有触电风险；

(2) 错误接法 2：相线不接开关，但接在灯头中心处(见图 6-3(b))。这种接线方式，无论开关是否闭合，相线的电仍能使灯头螺纹裸露部分带电，也有触电风险。

(3) 错误接法 3：相线接开关，接在螺纹处(见图 6-3(c))。开关闭合时，螺纹外露部分带电，有触电风险。

(4) 正确接法：相线接开关，接在灯头中心处(见图 6-3(d))。开关闭合时，灯头外露部分带电，灯亮；开关断开时，均不带电，需要注意灯泡安装时，是否拧紧。

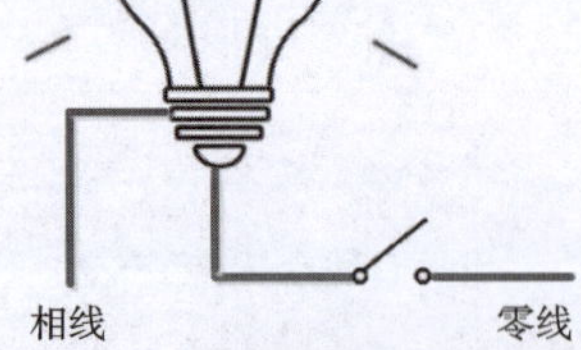

(a) 错误接法1

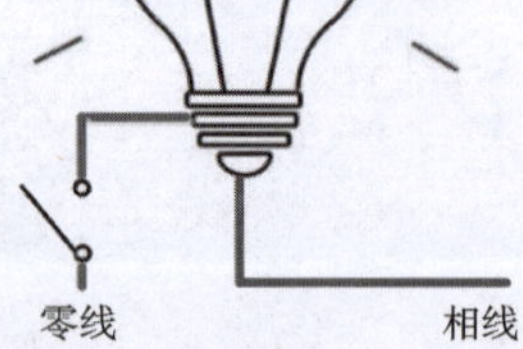

(b) 错误接法2

图 6-3　螺口灯头接法示意图

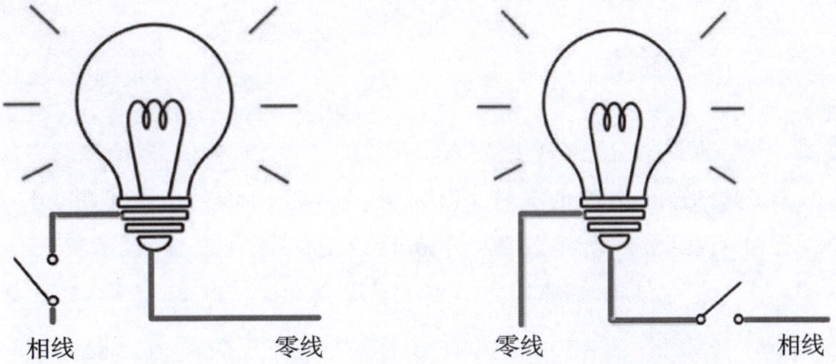

(c) 错误接法3　　(d) 正确接法4

续图 6-3

6.1.2　单联开关与双联开关照明线路原理及接线方法

1. 单联开关白炽灯接线原理

单联开关白炽灯线路由单联开关、白炽灯、相线和零线组成，如图 6-4 所示。

单联开关

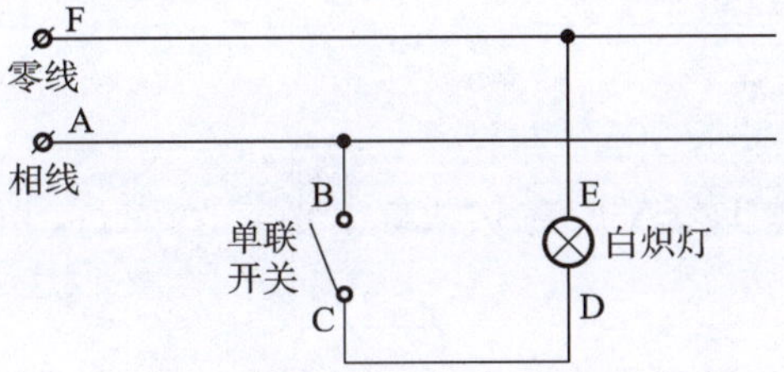

图 6-4　单联开关照明电路接线原理图

从图 6-4 可以看出，电流由相线 A 流出最终流入零线 F，电流具体流向：相线→单联开关→白炽灯→零线。下面介绍单联开关白炽灯电路的具体接线步骤，如图 6-5 所示。

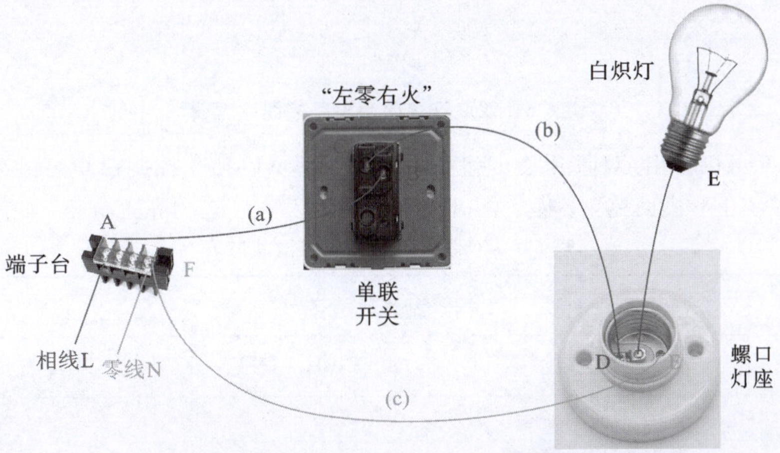

图 6-5　单联开关照明电路接线图

(1) 端子台相线 A 与单联开关进线端 B(右端)相连；

(2) 单联开关出线端 C(左端)与白炽灯火线端 D(灯头中心)相连；

(3) 白炽灯零线端 E(螺纹)与端子台零线 F 相连。

注意事项

(1) 端子台的进线和出线分别接入 220 V 交流单相线和零线 N,若两端都接入相线时,灯泡会发出异常的亮光,因为此时灯泡两端的电压(即 DE 两点的电压)为 380 V,长时间接入会损坏灯泡(灯泡的额定工作电压为 220 V)。

(2) 注意开关连接时按照“左零右火”原则接入,且零线端与螺口灯座的灯头中心端相连。

(3) 连接完成后的检查。

①火线连接检查:单联开关置于 ON 挡,万用表旋转至欧姆挡(或蜂鸣挡),红表笔位于相线进线端 A 点,黑表笔位于螺口灯座灯头中心端 D 点,若万用表示数接近于 0 欧姆或者发出蜂鸣声,表示火线连接正确,反之错误。

②零线连接检查:万用表旋转至欧姆挡(或蜂鸣挡),红表笔位于零线出线端 F 点,黑表笔位于螺口灯座螺纹端 E 点,若万用表示数接近于 0 欧姆或者发出蜂鸣声,表示零线连接正确,反之错误。

(4) 灯泡安装时,注意拧紧,避免金属部分外露。

双联开关照明电路

2. 双联开关照明电路接线原理

双联开关白炽灯线路由双联开关 1、双联开关 2、白炽灯、相线和零线组成,如图 6-6 所示。

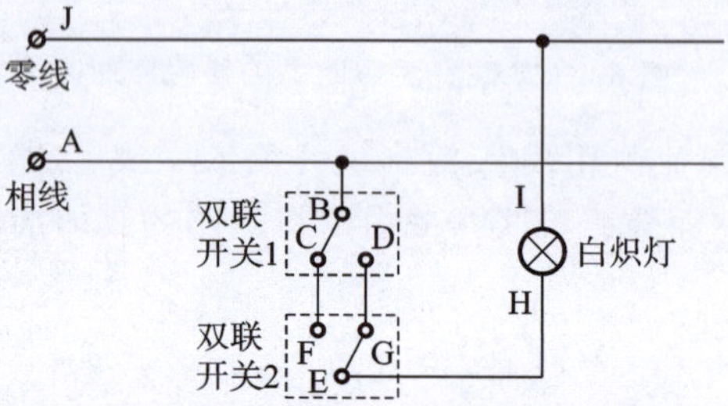

图 6-6 双联开关照明电路接线原理图

从图 6-6 可以看出,双联开关 1 和双联开关 2 都可以独立控制白炽灯的亮灭,只要从相线 A 到零线 J 形成回路,灯泡点亮;相反,灯泡熄灭。灯泡的亮灭分析,如表 6-1 所示。

表 6-1 双联开关状态与灯泡状态表

双联开关 1	双联开关 2	电流通路	灯泡状态
B—C	E—F	A—B—C—F—E—H—I—J	亮
B—C	E—G	A—B—C—F	灭
B—D	E—F	A—B—D—G	灭
B—D	E—G	A—B—D—G—E—H—I—J	亮

从表 6-1 可以知道，当双联开关 1 置于 B—C 时，双联开关 2 置于 E—F，灯泡才能点亮；当双联开关 1 置于 B—D 时，双联开关 2 置于 E—G 时，灯泡才能点亮；其余情况，电路未形成回路，灯泡均不点亮。下面介绍双联开关白炽灯接线方法，如图 6-7 所示。

（1）相线 A 与双联开关 1 公共端 B 相连；

（2）双联开关 1 的 C 端与双联开关 2 的 F 端相连；

（3）双联开关 1 的 D 端与双联开关 2 的 G 端相连；

（4）双联开关 2 的公共端 E 与灯泡火线进线端 H 相连；

（5）灯泡零线端 I 与零线 J 相连。

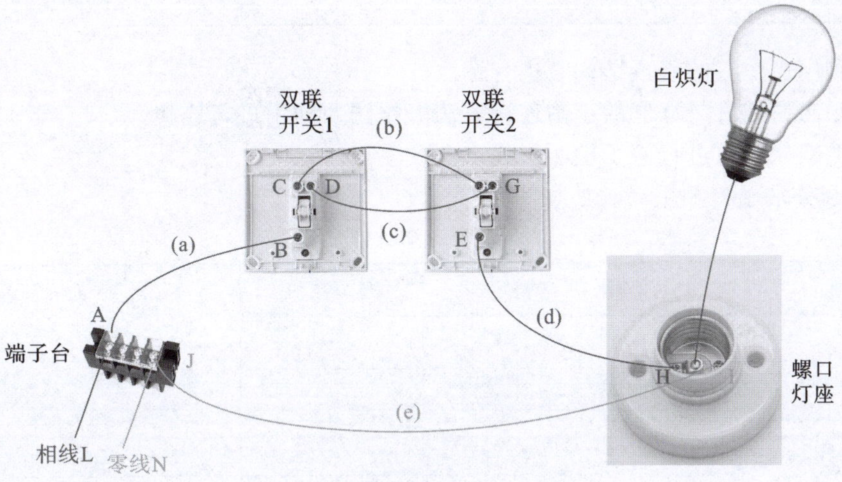

图 6-7 双联开关照明电路接线图

3. 双联开关公共端判别方法

双联开关不同于单联开关，需要对公共端进行判断，若公共端未知，则需要自行对公共端进行判断，具体判断方法如下：

（1）将万用表调到通断挡，对双联开关的三个端点进行测试，直至两个端点检测时万用表不发出“嘀”的响声；

（2）对找到的两个端点进行进一步测试，双联开关变换挡位，若万用表仍不发出“嘀”的响声，则表示当前万用表所检测的两个点为双联开关的 L1 和 L2 端点，除当前检测的两个端点（L1、L2）外的另外一个端点为公共端（L），反之，更换端点重复（1）过程。

以图 6-6 中的双联开关 1 为例，公共端（L）为 B 点，两个端点（L1、L2）分别为 C 点和 D 点，当万用表红、黑表笔分别置于 C 点和 D 点时，无论双联开关 1 置于什么挡位，万用表都不会显示导通（因为两个端子 L1 和 L2 是不导通的），则另外一个端子为公共端。

4. 双联开关照明电路接线图的检测方法

将万用表调到通断挡，红、黑表笔分别置于 A 点和 H 点，对双联开关 1 和双联开关 2 进行换挡操作，判断双联开关 1 和双联开关 2 是否能独立控制 A—H 线路的通断，若能则表示连接正确，反之，错误。

操作工单 6-1 白炽灯及单双联照明电路安装

任务名称	白炽灯及单双联照明电路安装	姓名		班级	
相关器材	低压电工实训台，万用表 1 块，单联开关 1 个，双联开关 2 个，螺口灯座 1 个，白炽灯 1 个，导线若干，端子台若干				
任务描述	1. 白炽灯及灯座的接线方法； 2. 双联开关公共端判别； 3. 单联照明电路的连接； 4. 双联照明电路的连接				

(1) 画出白炽灯的组成结构并进行标注。

(2) 画出白炽灯与灯座的正确连接方法电路图并动手进行连接。

(3) 对双联开关进行端子检测并找出公共端点。

双联开关端子检测记录表如表 6-2 所示。

表 6-2 双联开关端子检测记录表

万用表挡位	红表笔	黑表笔	开关挡位	导通状态

通过测量，公共端是：__________。

(4) 用双联开关完成单联照明电路连接，写出接线步骤并画出电路图和接线图。

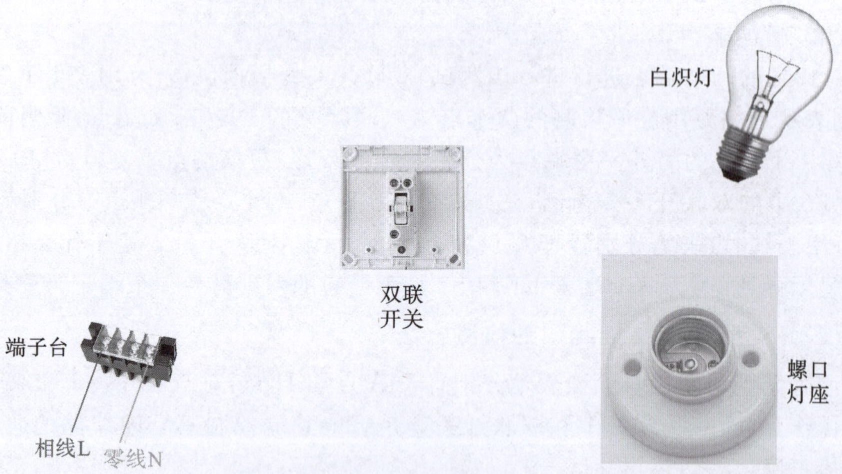

（5）用双联开关完成双联照明电路接线，写出接线步骤并画出电路图和接线图。

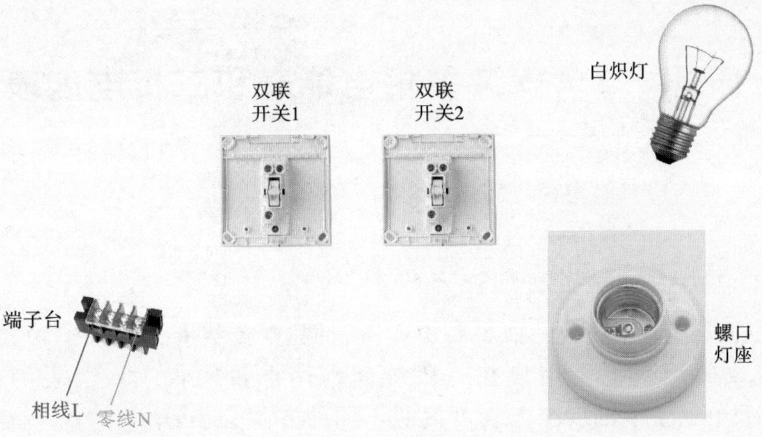

任务6.2 安装单相电能表和三相电能表

单相电能表

6.2.1 单相电能的介绍及接线方法

电能表也简称为电表，是一种主要由电压线圈、电流线圈、转盘、转轴、制动磁铁、齿轮、计度器组成的用来记录用户在一段时间内用电量的仪表。电表的计量单位是kW·h，也是我们通常说的度。电表可按照不同的方式分类，本节重点介绍用于测量交流电路的交流电能表。交流电能表可按其对相线测量的不同，又可分为单相电能表、三相三线电能表和三相四线电能表三种，本节主要介绍单相电能表和三相四线电能表。常见的感应式电能表的结构如图6-8所示。

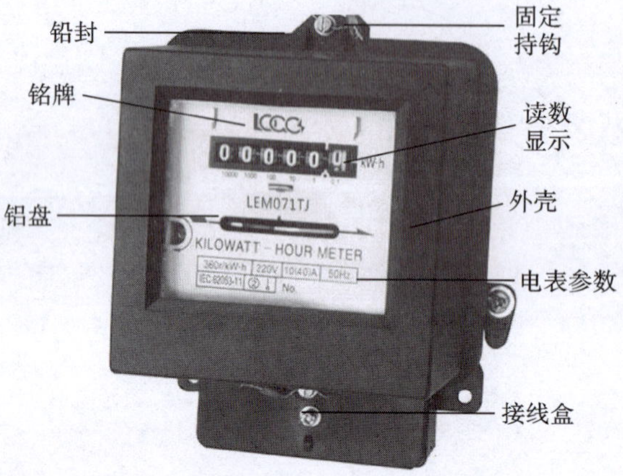

图6-8 感应式电能表结构示意图

图中，铝盘的转动速度表示电路中负载情况，负载越重，转动速度越快，并表示此时耗电量快；读数显示表示当前用电总量的多少；电表参数包括这款电能表的产品代号、型号、额定电压、额定电流、每千瓦时（度）电转数、频率等参数。以图6-8所示的电能表为例，电表参数为：额定电压220 V、额定电流10/40 A、频率50 Hz、360转/度。单相电能表的接线盒里共有4个接线柱，从左到右分别按1、2、3、4编号，单相电能表接线盒及接线原理图如图6-9(a)、(b)所示。

单相电能表的直入式接线方式有两种类型，分别是跳入式接线方法和顺入式接线方法。首先介绍跳入式接线方法的接线原理，如图6-10所示。

单相电能表跳入式接线的特点是：相线L从电能表的接线盒1端子进线，2端子出线；零线N从接线盒3端子进线，4端子出线；然后出线与空气开关、熔断器、三角插座负载相连，如图6-11所示。具体接线步骤如下。

(1) 端子台相线L进线端点A与单相电能表1端子（B点）相连，然后从单相电能表2端子（C点）出线并与熔断器进线端点F相连；

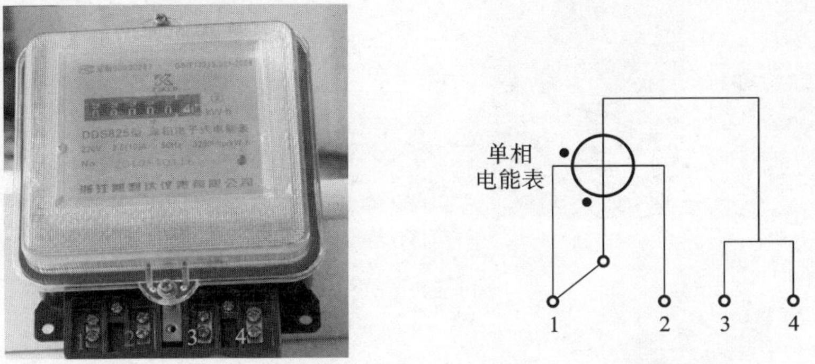

(a) 接线盒实物图　　(b) 接线盒电路图

图 6-9　接线盒结构及电路示意图

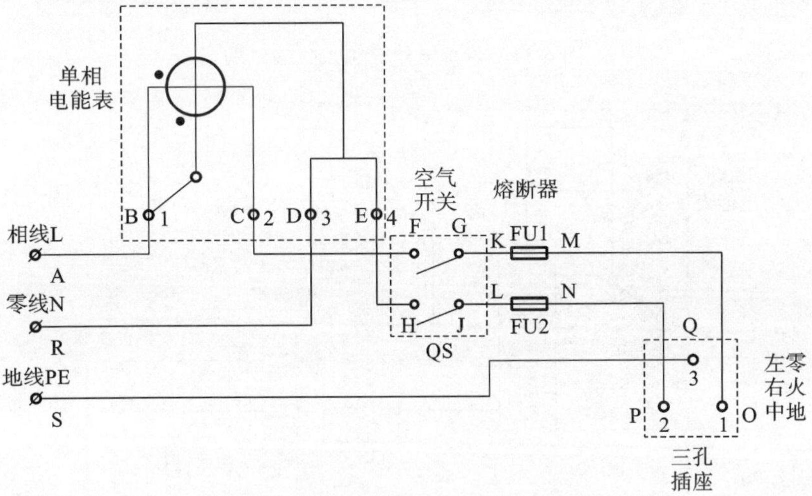

图 6-10　单相电能表跳入式接线原理图

(2) 端子台零线 N 进线端点 R 与单相电能表 3 端子(D 点)相连，然后从单相电能表 4 端子(E 点)出线并与熔断器进线端点 H 相连；

(3) 空气开关出线端点 G、J 分别与熔断器进线端点 K、L 相连；

(4) 熔断器出线端 M 与三孔插座火线进线端 1(O 点)相连，熔断器出线端 N 与三孔插座零线进线端 2(P 点)相连；

(5) 三孔插座地线端子 3(Q 点)与端子台地线端子 S 相连。

单相电能表顺入式接线方法的特点是：相线 L 从电能表的接线盒 1 端子进线，4 端子出线；零线 N 从接线盒 2 端子进线，3 端子出线；然后出线与空气开关、熔断器、三角插座负载相连，如图 6-12 所示。具体接线步骤如下。

(1) 端子台相线 L 进线端点 A 与单相电能表 1 端子(B 点)相连，然后从单相电能表 4 端子(D 点)出线并与熔断器进线端点 F 相连；

(2) 端子台零线 N 进线端点 R 与单相电能表 2 端子(C 点)相连，然后从单相电能表 3 端子(D 点)出线并与空气开关进线端点 H 相连；

(3) 空气开关出线端点 G、J 分别与熔断器进线端点 K、L 相连；

(4) 熔断器出线端 M 与三孔插座火线进线端 1(O 点)相连，熔断器出线端 N 与三孔

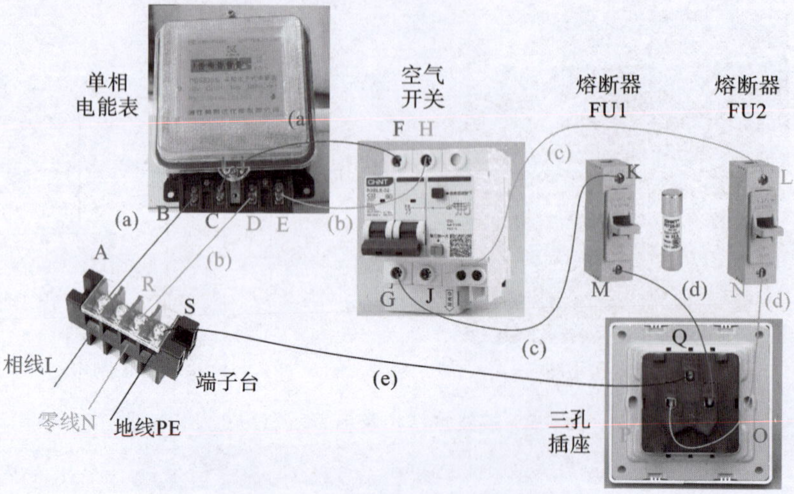

图 6-11　单相电能表跳入式接线图

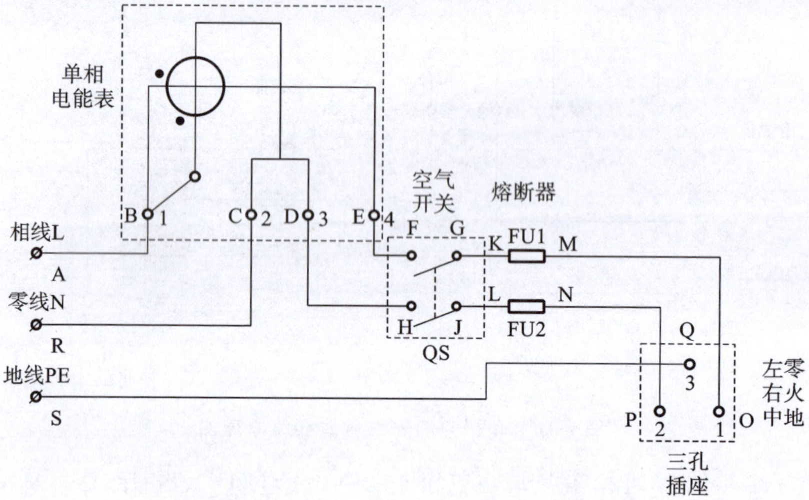

图 6-12　单相电能表顺入式接线原理图

插座零线进线端 2(P 点)相连;

(5) 三孔插座地线端子 3(Q 点)与端子台地线端子 S 相连。

三相电能表

6.2.2　三相电能表的介绍及接线方法

三相电能表通常指的是三相四线电能表,是一种用于测量三相电路的常用电表。三相电能表的组成与单相电能表的大体相似,如图 6-13 所示。三相电能表参数为:额定电压 3×220(380)V、额定电流 3×20(80)A、频率 50 Hz。

三相电能表的接线盒打开后,共有 10 个端子,从左到右依次是 1、2、3、4、5、6、7、8、9、10。其中 1、3 是连接 A 相的进线和出线;4、6 是 B 相的进线和出线;7、9 是 C 相进线和出线;注意:通常情况下,1—2、4—5、7—8 分别由三个连片相连;2、5、7 与 10 是互连的公共零线端,且由 10 端子出线。三相电能表接线盒实物及线路图如图 6-14 所示。

三相电能表的接线方法有两种,分别是接入式接线法和间接式接线法。直接式接线法不需要电流互感器且不需要拆除连接片,而间接式接线法需要拆除连接片并且需要电

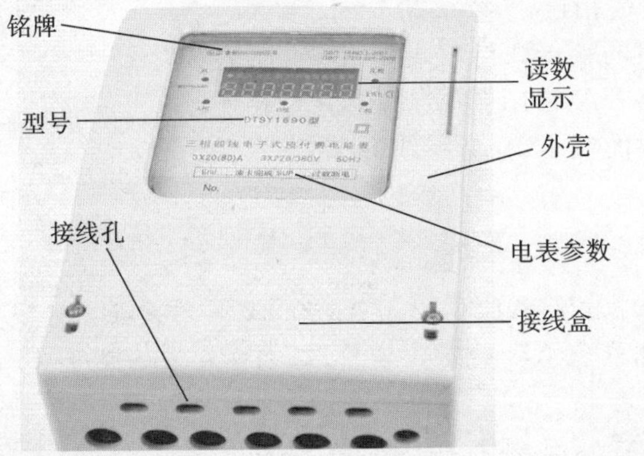

图 6-13　三相电子电能表结构图

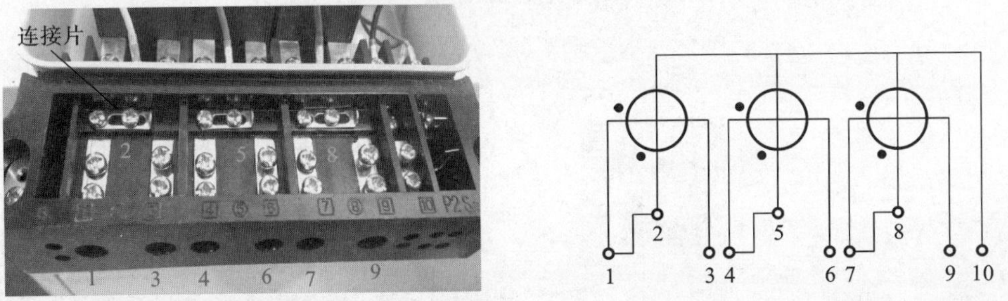

(a) 三相电子电能表接线盒实物图　　(b) 三相电子电能表接线盒电路原理图

图 6-14　三相电能表接线盒示意图

流互感器的辅助。下面首先介绍三相电能表间接式接线法原理，如图 6-15 所示。

图 6-15 中，QS 表示空气开关；TA1、TA2、TA3 分别表示 3 个电流互感线圈，且 L1 和 L2 分别为 3 个互感线圈的两个接线端子；由于三相接线方法是相同的，因此就仅对 A 相的接线方法进行阐述，具体接线方法如下：

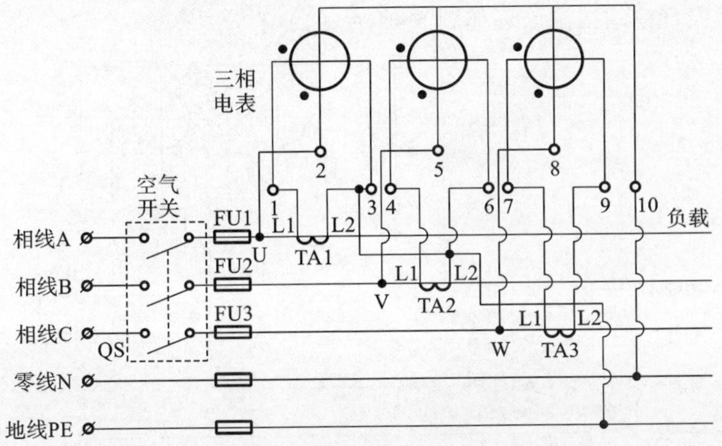

图 6-15　三相电能表间接式接线电路原理图

(1) 相线 A 与空气开关 QS 的进线端相连，QS 的出线端与熔断器 FU1 的进线端相连，熔断器 FU1 的出线端穿过电流互感器 TA1 的中心；

(2) 三相电能表的端子 1 与电流互感线圈 TA1 的 L1 端相连，三相电能表的端子 3 与电流互感线圈 L2 端相连；

(3) 三相电能表的端子 2 与相线 A 相连，连接点为 U 点；

(4) 电流互感器 TA1 的 L2 端与地线 PE 相连；

(5) 三相电能表的端子 10 与零线 N 相连。

注意事项

(1) 电流互感器 TA1、TA2、TA3 的 L2 端均需要与地线 PE 相连；

(2) 三相电能表需要拆下连接片，三相电能表的端子 2、端子 5、端子 8 分别与相线 A、B、C 相连；

(3) 三相电能表的端子 10 与零线 N 相连。

三相电能表间接式接法中 A 相接线实物图如图 6-16 所示。

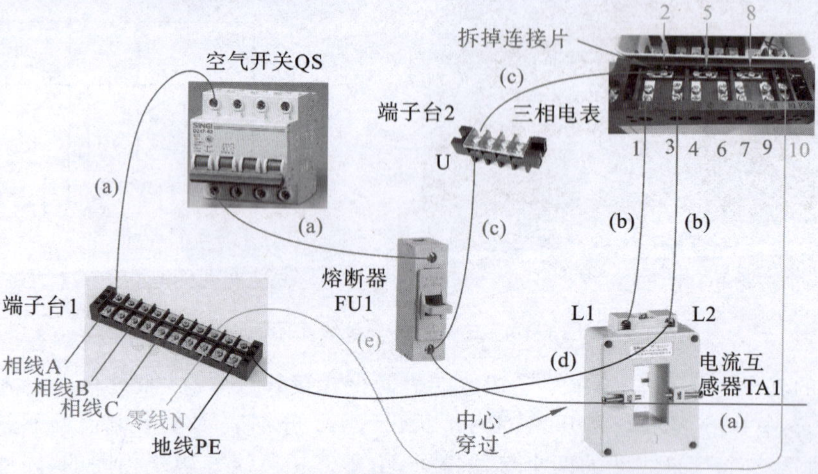

图 6-16　三相电能表间接式接法 A 相接线图

三相电能表直接式接法原理如图 6-17 所示。

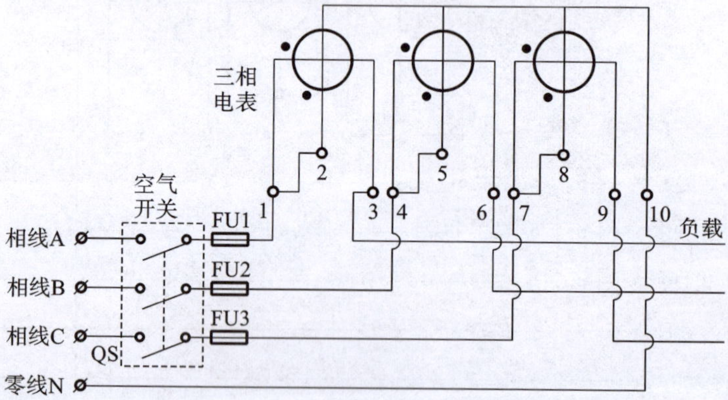

图 6-17　三相电能表直接式接线原理图

三相电能表直接式接法相比三相电能表间接式接法的不同之处在于：①不需要拆装

连接片；②不需要电流互感器；③接线端子台不需要接入地线 PE。同样地，由于 A 相、B 相、C 相接法相同，这里仅对 A 相接法进行阐述，具体接法如下：

(1) 相线 A 与空气开关 QS 的进线端相连，QS 的出线端与熔断器 FU1 的进线端相连；

(2) 熔断器 FU1 的出线端与三相电能表端子 1 相连，并且通过三相电能表端子 3 出线与负载相连；

(3) 三相电能表端子 10 与零线 N 相连。

注意事项

(1) 电能表安装时，表身要安装端正，若表身安装倾斜容易造成计数不准、停走或空走等问题；

(2) 电能表要安装在木质底板或者塑料底板上，最好安装在配电箱中，且安装高度必须符合安全规定；

(3) 电能表连接时，要根据电路图对电能表进行调整。

操作工单 6-2　安装单相电能表

任务名称	安装单相电能表	姓名		班级	
相关器材	低压电工实训台，万用表 1 块，单相电能表 1 块，熔断器 1 个，保险丝若干，导线若干，端子台若干，三孔插座 1 个，剪线钳 1 把				
任务描述	1. 认识电能表结构及电表参数； 2. 掌握单相电能表跳入式接线方法； 3. 单相电能表顺入式接线方法				

（1）标注单相电能表的组成结构并说明各个结构作用和电表参数。

（2）写出单相电能表跳入式电路连接的接线步骤并画出电路图和接线图。

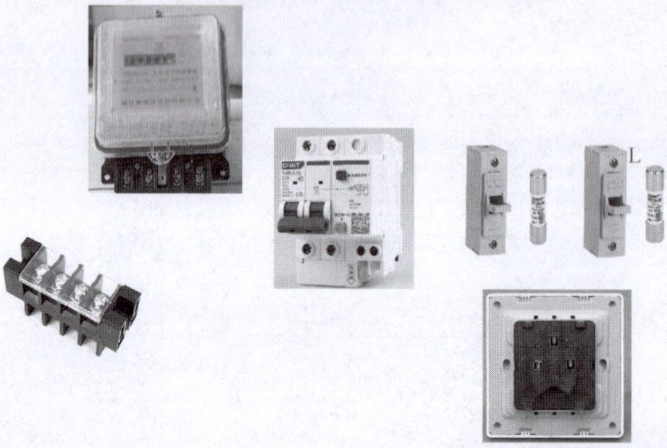

（3）写出单相电能表顺入式电路连接的接线步骤并画出电路图和接线图。

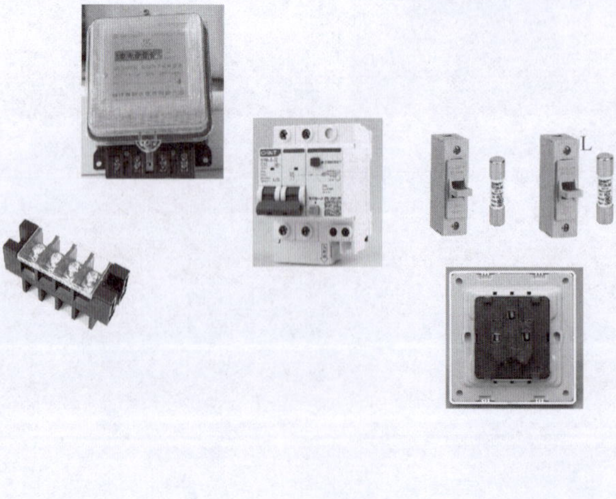

操作工单 6-3　三相电能表安装

任务名称	三相电能表安装	姓名		班级	
相关器材	低压电工实训台，万用表 1 块，三相电能表 1 块，熔断器 3 个，保险丝若干，导线若干，端子台若干，螺丝刀 1 把，剪线钳 1 把				
任务描述	1. 认识三相电能表结构及电表参数； 2. 掌握三相电能表间接式接线方法； 3. 掌握三相电能表直接式接线方法				

（1）标注三相电能表的组成结构并说明各个结构的作用和电表参数。

（2）写出三相电能表间接式电路连接的接线步骤并画出电路图和 A 相接线图。

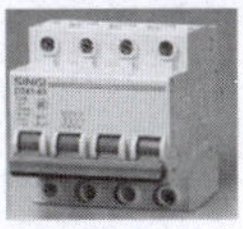

（3）写出三相电能表直接式电路连接的接线步骤并画出电路图和 A 相接线图。

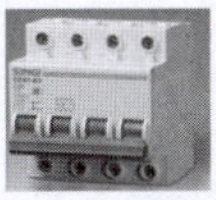

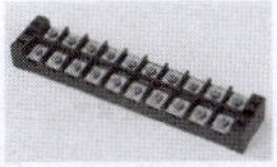

三相四线制有功电能表间接式接线自评表如表 6-3 所示。

表 6-3 三相四线制有功电能表间接式接线(K25)自评表

序号	考试项目	内容及要求	评分标准	配分	得分
1	操作前准备	防护用品的正确穿戴	1. 未正确穿工作服,扣 1 分; 2. 未穿绝缘鞋,扣 1 分	2	
2	操作前安全	安全隐患的检查	1. 未检查操作工位及平台上是否存在安全隐患,扣 2 分; 2. 操作平台上的安全隐患未处置,扣 1 分; 3. 未指出操作平台上的绝缘线破损或元器件损坏,扣 2 分	4	
3	操作过程安全	安全操作规程	1. 未经考评员同意,擅自通电,扣 5 分; 2. 通、断电的操作顺序违反安全操作规程,扣 5 分; 3. 刀闸(或断路器)操作不规范,扣 3 分; 4. 考生在操作过程中,有不安全行为,扣 3 分	11	
		安全操作技术	1. 三相电能表进出线接线错误,扣 3 分; 2. 断路器进出线错误,扣 2 分; 3. 互感器一二次接线不规范,扣 2 分; 4. 一次接线和二次接线混接,扣 5 分; 5. 未正确连接三相负载,扣 4 分; 6. 绝缘线用色不规范,每处扣 5 分; 7. 工作零线与保护零线混用,扣 5 分; 8. 电路板中的接线不合理、不规范,扣 2 分; 9. 未正确连接 PE 线,扣 3 分; 10. 工具使用不熟练或不规范,扣 2 分	16	
4	操作后的安全	操作完毕作业现场安全检查	1. 操作工位未清理、不整洁,扣 2 分; 2. 工具及仪表摆放不规范,扣 1 分; 3. 损坏元器件,扣 1 分	3	
5	仪表使用	用万用表测量电压	1. 万用表不会使用的或使用方法不正确的,扣 4 分; 2. 不会读数的,扣 2 分	4	
6	限时	25 分钟	每超时 1 分钟扣 2 分,超时 10 分钟终止整个实操项目考试	扣分项	

续表

序号	考试项目	内容及要求	评分标准	配分	得分
7	否定项	否定项说明	出现以下情况之一的，该题记为零分： 1.接线原理错误的； 2.电路出现短路或损坏设备等故障的； 3.功能不能完全实现的； 4.在操作过程中出现安全事故的		
合计				40	

操作工单 6-4　单相电能表带照明电路安装

任务名称	单相电能表带照明电路安装	姓名		班级	
相关器材	低压电工实训台，万用表1块，单相电能表1块，熔断器1个，保险丝若干，导线若干，端子台若干，螺丝刀1把，剪线钳1把，螺口灯座1个，白炽灯2个，三孔插座1个				
任务描述	单相电能表带照明电路接线练习				

(1) 根据单相电能表带照明电路原理图(见图6-18)，完成电路连接并写出接线步骤。

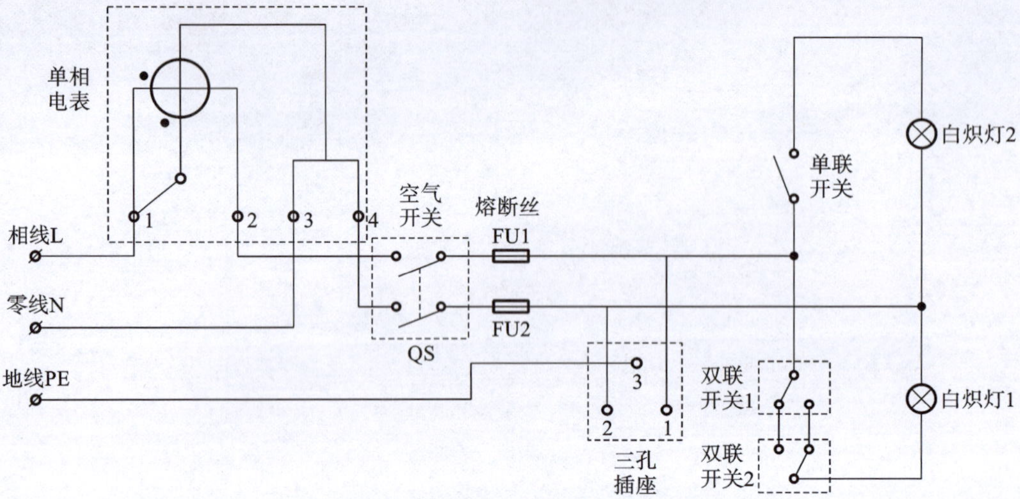

图6-18　单相电能表带照明电路原理图

单相电能表带照明灯的接线(K24)及安全操作自评表如表6-4所示。

表6-4　单相电能表带照明灯的接线(K24)及安全操作自评表

序号	项目	要求	评分标准	配分	得分
1	操作前准备	防护用品的正确穿戴	1.未正确穿工作服，扣1分； 2.未穿绝缘鞋，扣1分	2	
2	操作前安全	安全隐患的检查	1.未检查操作工位及平台上是否存在安全隐患，扣2分； 2.操作平台上的安全隐患未处置，扣1分； 3.未指出操作平台上的绝缘线破损或元器件损坏，扣2分	4	

续表

序号	项目	要求	评分标准	配分	得分
3	操作过程安全	安全操作规程	1.未经老师同意，擅自通电，扣5分； 2.通、断电的操作顺序违反安全操作规程的，扣5分； 3.刀闸(或断路器)操作不规范，扣3分； 4.考生在操作过程中，有不安全行为，扣3分	11	
		安全操作技术	1. 电能表进出线错误，扣3分； 2. 漏电断路器接线错误，扣5分； 3. 控制开关安装的位置不正确，扣5分； 4. 插座接线不规范，扣5分； 5. 各类负载搭火位置不正确，扣5分； 6. 绝缘线用色不规范，扣5分； 7. 工作零线与保护零线混用，扣5分； 8. 电路板中的接线不合理、不规范，扣2分； 9. 未正确连接PE线，扣3分； 10. 工具使用不熟练或不规范，扣2分	16	
4	操作后的安全	操作完毕作业现场安全检查	1.操作工位未清理、不整洁，扣2分； 2.工具及仪表摆放不规范，扣1分； 3.损坏元器件，扣1分	3	
5	仪表使用	用万用表测量电压	1.万用表不会使用的或使用方法不正确的，扣4分； 2.不会读数，扣2分	4	
6	限时	25分钟	每超时1分钟扣2分，超时10分钟终止整个实操项目考试	扣分项	
7	否定项	否定项说明	出现以下情况之一的，该题记为零分： 1. 接线原理错误； 2. 电路出现短路或损坏设备等故障； 3. 功能不能完全实现； 4. 在操作过程中出现安全事故		
合计				40	

附录 1　常用低压电器符号

在《电气简图用图形符号》(GB/T 4728.1—2018)中将所有的电气设备、装置和元件分成 23 个大类,每个大类用一个大写字母表示。文字符号分为基本文字符号和辅助文字符号。基本文字符号分为单字母符号和双字母符号两种。单字母符号应优先采用,每个单字母符号表示一个电器大类,如 C 表示电容器类,R 表示电阻器类等。双字母符号由一个表示种类的单字母符号和另一个字母组成,第一个字母表示电器的大类,第二个字母表示对某电器大类的进一步划分。例如,G 表示电源大类,GB 表示蓄电池,S 表示控制电路开关,SB 表示按钮,SP 表示压力传感器(继电器)。

文字符号用于标明电器的名称、功能、状态和特征。同一电器如果功能不同,其文字符号也不同,例如,照明灯的文字符号为 EL,信号灯的文字符号为 HL。辅助文字符号表示电气设备、装置和元件的功能、状态和特征,由 1～3 位英文名称缩写的大写字母表示,辅助文字符号可以和单字母符号组合成双字母符号,例如,单字母符号 K(表示继电器、接触器大类)和辅助文字符号 AC(交流)组合成双字母符号 KA,表示交流继电器;单字母符号 M(表示电动机大类)和辅助文字符号 SYN(同步)组合成双字母符号 MS,表示同步电动机。部分常用低压电器文字及符号如附表 1 所示。

附表 1　部分低压电器文字及符号

分类	名称	图形符号
E:其他	EL:照明灯	
F:保护类器件	FU:熔断器	
	FR:热继电器	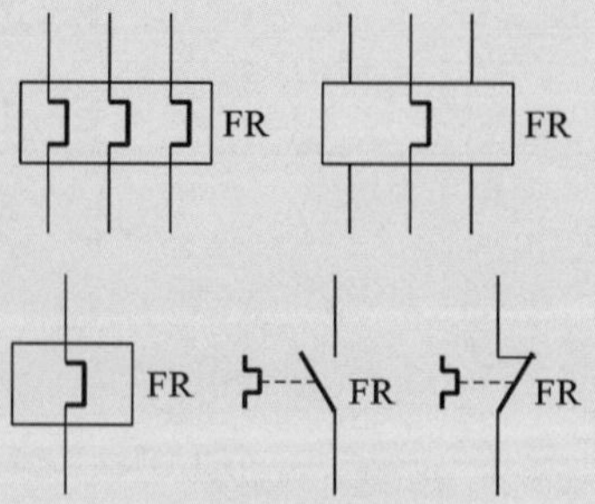

续表

分类	名称	图形符号
H:信号器件	HL:信号灯	
K:接触器、继电器	KA:电流继电器、中间继电器	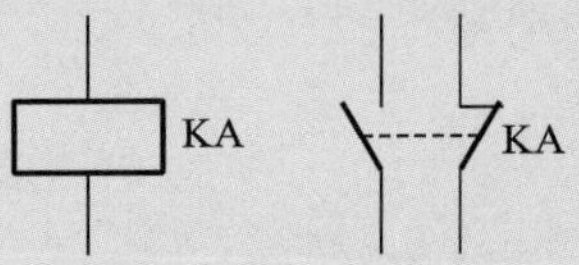
	KM:接触器	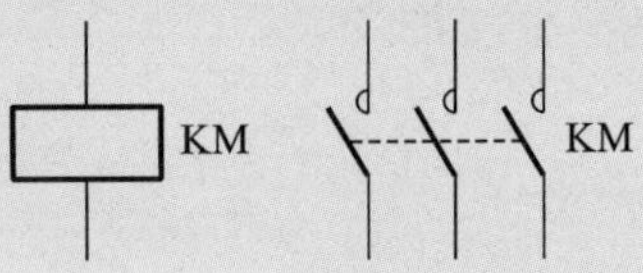
M:电动机	三相笼型异步电动机	
Q:开关器件	QS:刀开关	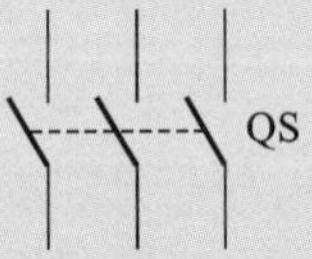
	QF:断路器	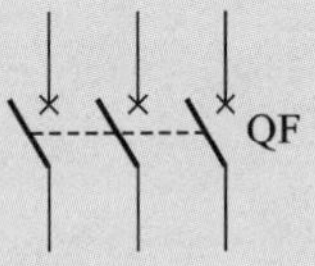
S:控制回路中的开关器件	SA:控制开关、手动旋钮选择开关	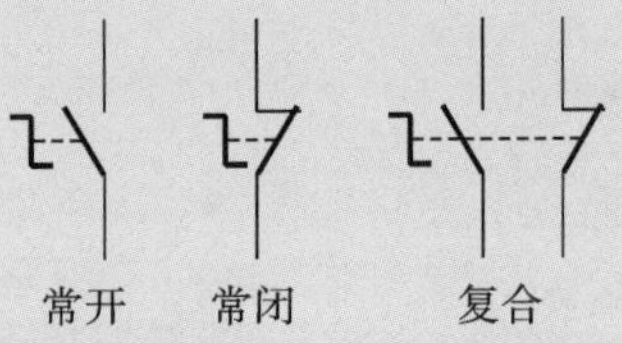
	SB:按钮	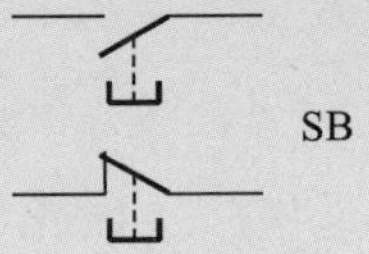

续表

分类	名称	图形符号
X:插座及插头	XS:插座	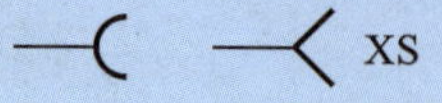 优选型 其他型
	XP:插头	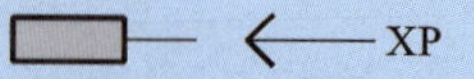 优选型 其他型

附录2　电工理论练习题

1. 下图标志中表示禁止伸入的是(　　)。

(A)

(B)

(C)

2. 下图标志表示的是禁止靠近。(　　)

(A)正确　　　　(B)错误

3. 下图标志表示的是必须插入插头。(　　)

(A)正确　　　　(B)错误

4. 某电工在维修单相设备时,用钳形电流表按下图的方式测量其线路中的电流。(　　)

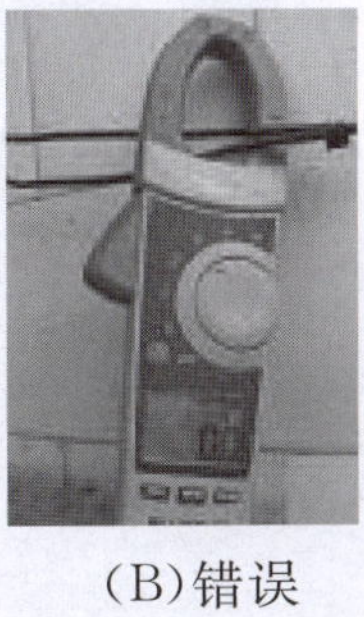

(A)正确　　　　(B)错误

5. 下图标志表示的是必须系安全带。(　　)

(A)正确　　(B)错误

6. 下图标志表示的是禁止带火种。(　　)

(A)正确　　(B)错误

7. 下图表示的含义是(　　)。

(A)必须穿防护鞋　　(B)必须穿绝缘鞋　　(C)必须穿工作鞋

8. 下图标志中表示禁止触摸的是(　　)。

(A)　　(B)　　(C)

9. 下图表示的含义是(　　)

(A)必须戴绝缘手套　　(B)必须戴工作手套　　(C)必须戴防护手套

10. 用摇表测量三相交流电动机的绝缘电阻,如图所示;当摇表的转速达到(　　)r/min时,操作者所测得的数值就是绝缘电阻值。

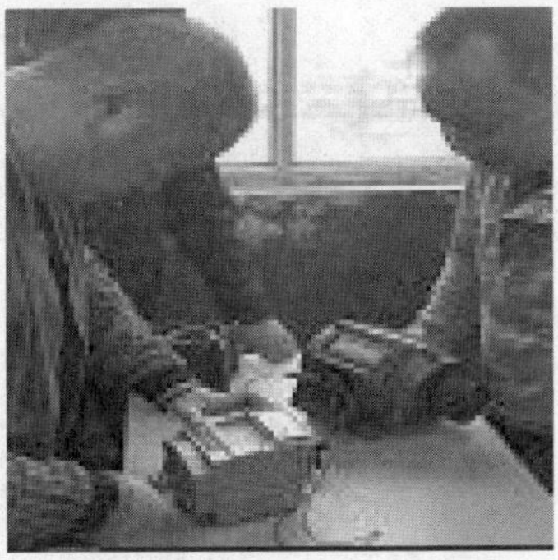

(A)100　　　　(B)120　　　　(C)150

11. 下图表示的含义是(　　)。

(A)禁止通行　　　　(B)禁止推动　　　　(C)禁止入内

12. 下图表示的含义是(　　)。

(A)禁止启动　　　　(B)禁止合闸　　　　(C)禁止触摸

13. 如图所示,某装修工人登在人字梯上做墙面处理时,由于高度不够,所以可以采取骑马方式站立,以方便操作。(　　)

(A)正确　　　　(B)错误

14. 在高空作业施工现场中,如图所示,操作人员能够正确使用安全带。(　　)

(A)正确　　　　(B)错误

15. 下图表示的含义是(　　)。

(A)当心电缆　　　　(B)当心跌落　　　　(C)当心滑倒

16. 针对摇表的开路检查,当摇动手柄使其转速达到 120 r/min 时,观察下图中正常摇表的指针应指在"∞"的位置。(　　)

(A)正确　　　　(B)错误

17. 在下图中,安全帽的使用和佩戴正确的是(　　)。

(A)

(B)

(C)

18. 下图表示的是当心触电。( )

(A)正确　　(B)错误

19. 在施工现场作业中，施工人员为了防止安全帽脱落，可以将安全帽的帽衬去掉，让安全帽戴得更紧。( )

(A)正确　　(B)错误

20. 电工在测量低压交流电动机的电流时，如下图所示，所使用的仪表是( )。

(A)交流钳形电流表　　(B)万用表　　(C)兆欧表

21. 下图标志表示的是禁止用水灭火。( )

(A)正确　　(B)错误

22. 下图中配电柜上按要求悬挂了所需要的安全标志。( )

(A)正确　　　　　　　　　　　　(B)错误

23. 在施工现场(见下图)作业过程中,操作人员未正确使用电工安全用具的是(　　)。

(A)施工人员未戴安全帽　　　　　(B)施工人员未系安全带

(C)施工人员未穿工作服

24. 下图标志表示的是注意安全。(　　)

(A)正确　　　　　　　　　　　　(B)错误

25. 针对摇表的短路检查,当缓慢摇动手柄时,观察下图中正常摇表的指针应指在“∞”的位置。(　　)

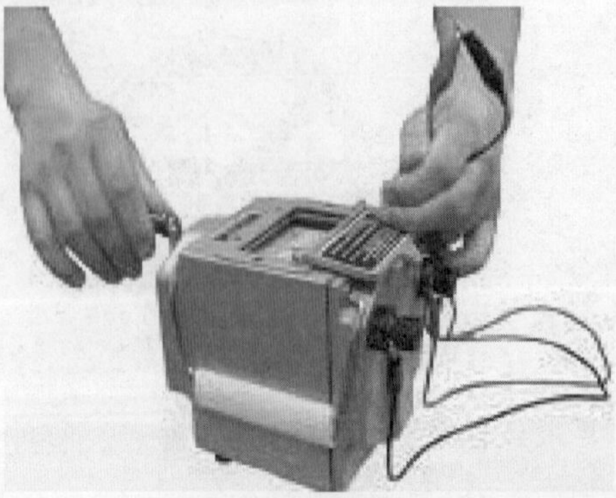

(A)正确　　　　　　　　(B)错误

26. 某一登杆教学场地，如图所示，学员在老师指导和监护下，可以使用脚扣来攀登电杆。（　　）

(A)正确　　　　　　　　(B)错误

27. 下图标志中表示禁止启动的是（　　）。

(A)　　　　(B)　　　　(C)

28. 下图标志表示的是必须接地。（　　）

(A)正确　　　　　　　　(B)错误

29. 某一电工正在使用登高板攀登电杆，如图所示，电工每向上跨一步，踏板挂钩可以正钩也可以反钩，只要绳索套住电杆就行了。（　　）

(A)正确　　　　　　　　(B)错误

30. 某电工正在使用电工仪表测量交流电动机，如图所示，试问该电工所使用的仪表是

(　　)。

(A)万用表　　　　　　　　(B)钳形电流表　　　　　　(C)摇表

31. 某电工采用万用表的欧姆挡测量电阻，下图为正确的测量方法。(　　)

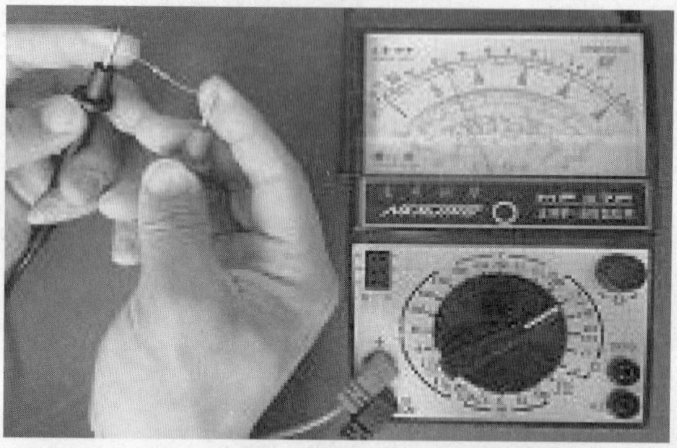

(A)正确　　　　　　　　　(B)错误

32. 下图中墙上安装有单相电表配电板，所安装的配电板存在安全隐患有(　　)。

(A)配电板安装的高度不够　　(B)空开选择不合理　　　　(C)空开未固定

33. 某施工现场中存放有油桶、砂轮机、机具及其他杂物，墙上悬挂有配电箱，如图所示，此施工现场存在的安全隐患之一是(　　)。

(A)配电箱安装的高度不够　　(B)配电箱周边存放有易燃品

(C)配电箱未采用防雨措施

34. 施工设备中电源线的敷设如图所示，只要电源线采用绝缘导线，就可以保证其电气安全。(　　)

(A)正确　　(B)错误

35. 施工设备中电源线的敷设如图所示，只要电源线采用绝缘导线，就可以保证其电气安全。(　　)

(A)正确　　(B)错误

36. 某配电室的电缆线敷设于电缆桥架中，如图所示，桥架未装盖板，其目的是为了散热。(　　)

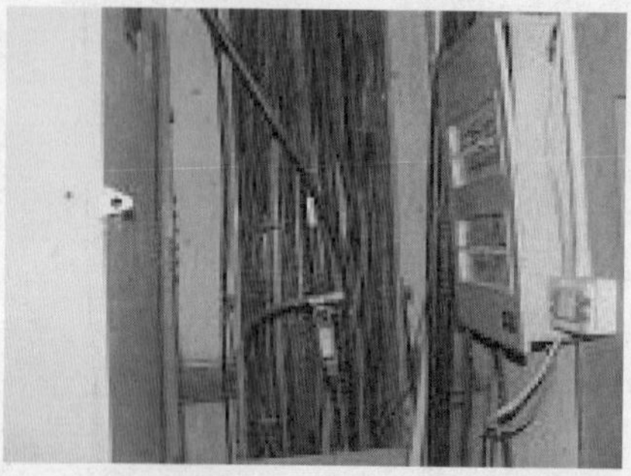

(A)正确　　　　　　　　　　(B)错误

37. 下图所示的接线箱中存在安全隐患之一是(　　)。

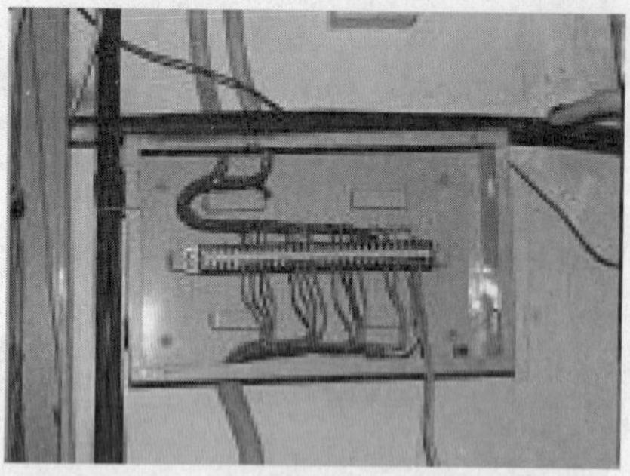

(A)接线混乱　　　　　　　　(B)接线端子容量不够　　　　(C)无箱门

38. 配电室中的配电柜,其进出电缆线通过地沟进入桥架,如图所示,由于配电柜下敷设有绝缘胶垫,所以进出电缆沟的地方可以不做密封处理。(　　)

(A)正确　　　　　　　　　　(B)错误

39. 下图所示的配电箱中存在的安全隐患有(　　)。

(A)进出线混乱　　(B)箱内布线不规范

(C)箱内元器件布局不规范

40. 如图所示，某电工在接三孔插座时，由于进线只有火线和零线，没有保护线，为了保证安全，所以电工将左边零线端与上孔接地端直接用导线短接。(　　)

(A)正确　　(B)错误

41. 为了保证配电箱的金属外壳可靠接地，所以在下图中将配电箱的金属外壳与金属管道可靠连接。(　　)

(A)正确　　(B)错误

42. 某电工维修线路的过程中，更换了闸刀内的保险丝，但忘记装上胶盖外壳，使其带电体外露，如图所示，该电工认为只要没有人去触摸它，就不存在安全隐患。(　　)

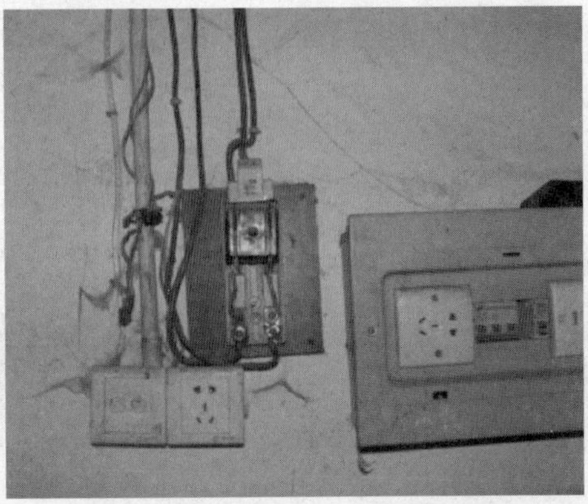

(A)正确　　(B)错误

43. 某施工现场有一砂轮切割机，如图所示，该图中存在的安全隐患有(　　)。

(A)切割机所放地面没有硬化处理

(B)切割机的电源线破损

(C)切割机的防护罩存在隐患

44. 配电室中的配电屏周围堆放有很多线材及其他物品,如图所示,导致配电屏(　　)。

(A)无操作空间　　(B)不能正常工作　　(C)无散热空间

45. 在机加工车间,某工人正在使用移动设备进行加工操作,试问该工作环境及操作过程中存在的安全隐患有(　　)。

(A)车间线路安装不合理　　(B)设备安装不合理　　(C)临时线路未架空敷设

46. 下图中金属电线管的保护接地线采用缠绕方式连接。(　　)

(A)正确　　　　　　　　(B)错误

47. 某施工现场中，由于移动设备电源线的插头损坏，为了保证移动设备的正常使用，所以该现场电工可以将该设备的电源线直接插入插座板上，如图所示。(　　)

(A)正确　　　　　　　　(B)错误

48. 如图所示，墙上悬挂的配电箱无警示标示。(　　)

(A)正确　　　　　　　　(B)错误

49. 下图所示的配电箱中接空气自动开关绝缘电线的颜色选择是错误的，其正确的是(　　)。

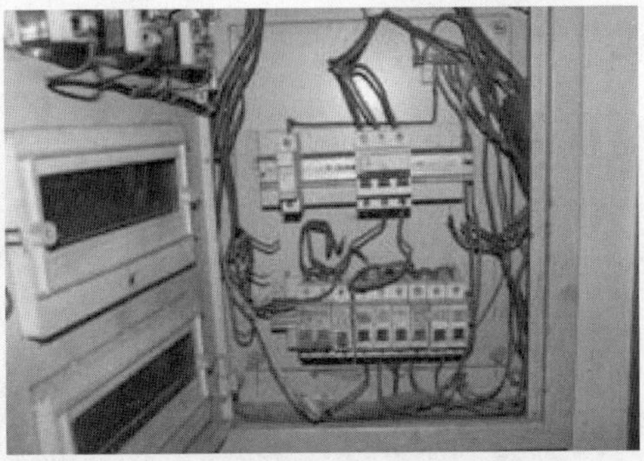

(A)A 相—黄色、B 相—绿色、C 相—红色
(B)A 相—黄色、B 相—蓝色、C 相—红色
(C)A 相—红色、B 相—绿色、C 相—黄色

50. 某车间插座安装的高度如图所示，不应小于(　　)米。

(A)0.2　　(B)0.3　　(C)0.5

参考答案

1	2	3	4	5	6	7	8	9	10
C	A	B	B	A	A	A	B	C	B
11	12	13	14	15	16	17	18	19	20
C	B	B	A	A	A	B	A	B	A
21	22	23	24	25	26	27	28	29	30
A	B	A	A	B	A	A	A	B	A
31	32	33	34	35	36	37	38	39	40
A	C	B	B	B	B	C	B	A	B
41	42	43	44	45	46	47	48	49	50
B	B	B	A	C	B	B	A	A	B

参考文献

［1］ 韩雪涛.零基础学电工［M］.北京：机械工业出版社，2018.

［2］ 韩雪涛.电工从入门到精通［M］.北京：化学工业出版社，2017.